生物冰核和生物氢的应用 ——划时代的生物工程

闵九康　王羲元　主编

中国农业科学技术出版社

图书在版编目（CIP）数据

生物冰核和生物氢的应用：划时代的生物工程／闵九康，王羲元主编.—北京：中国农业科学技术出版社，2015.3

ISBN 978－7－5116－2005－7

Ⅰ.①生… Ⅱ.①闵…②王… Ⅲ.①生物工程 Ⅳ.①Q81

中国版本图书馆 CIP 数据核字（2015）第 039703 号

责任编辑　徐　毅　张志花
责任校对　贾晓红

出 版 者　中国农业科学技术出版社
　　　　　北京市中关村南大街 12 号　邮编：100081
电　　话　（010）82106636（编辑室）　　（010）82109702（发行部）
　　　　　（010）82109709（读者服务部）
传　　真　（010）82106636
网　　址　http：//www. castp. cn
经 销 者　各地新华书店
印 刷 者　北京京华虎彩印刷有限公司
开　　本　850mm ×1 168mm　1/32
印　　张　4.125
字　　数　100 千字
版　　次　2015 年 3 月第 1 版　2016 年 5 月第 2 次印刷
定　　价　32.00 元

内容简介

　　全书共 10 章，主要论述了如下内容：生物冰核的作用及其应用；生物冰核的生产和喷散技术；生物造雪、生物降雨和生物驱散雾霾；生物氢（H_2）——永不枯竭的无碳能源；生物氢的生产和应用；生物氢生产技术的进步和展望；柠檬酸细菌和巴氏芽孢梭菌的产氢能力等。

　　本书可供大专院校师生、科学研究系统的专家和学者，以及有关部门的领导和工程技术人员等阅读和参考。

序

　　闵九康教授一生勤奋好学，知识渊博，硕果累累，著述等身，其新作《生物冰核和生物氢的应用——划时代的生物工程》一书即将问世，为此，我欣然为其作序，并祝贺新书的出版。

　　随着生物技术的发展，越来越多的人开始关注生物领域，开始认识生物技术在节能减排、环境保护及农业生产中的重要作用。生物技术不仅关系到农业的可持续发展，也关系到人类的生存环境和粮食安全。同时，与人类健康长寿、与环境质量的关系也极为密切。

　　在美国及许多发达国家，生物造雪、生物降雨和生物驱散雾霾以及生物净化水质等都已成功地实践了商业化的标准程序和商业运作，并成为常规的生物技术。

　　当今，最严重的环境问题之一就是全球气候变暖，主要由矿物燃料大量的应用所引发。矿物燃料的燃烧除产生大量的温室气体（CO_2）外，还产生氧化硫和氧化氮（SO 和 NOx）。这类氧化物及其衍生物的发射导致了酸雨，从而破坏了天然生态系统的平衡。近年来，发达国家和发展中国家都在致力于开发生物能源氢（H_2），并取得了可喜的成效，其中日本居世界第一，德国其次，美国名列第三，印度位列第四。目前，全世界都十分关注生物 H_2 能源的重要作用和在环境保护中的意义，许多国家都认为，生物氢（H_2）是最有希望可以应用的生物技术之一。所以，生物氢（H_2）的生产和发展前景十分乐观。

　　生物技术对氢能源的生产和应用具有至关重要的意义。现已研发了两个阶段的发酵过程，以产生氢（H_2）和甲烷（CH_4）的混合气体。第一阶段产生 H_2 和有机酸。第二阶段将有机酸转化为 CH_4。这种混合气体的最大优点是 $H_2 - CH_4$ 混合气体。这种 $H_2 - CH_4$ 混合气体生产成本低，效益明显，并可大大降低对环境的污染。目前，此项技术已在一些发达国家投入了生产。

《生物冰核和生物氢的应用——划时代的生物工程》一书，内容新颖，取材广泛，理论联系实际，值得一读。我深信，该书的出版将会对生物技术的理论和实践起到积极的推动作用。

武汉大学教授

陶天申

2015 年 1 月 30 日

前　言

　　生物冰核和生物氢的生产与应用是划时代的两项重大生物工程，具有重大的战略意义，将为子孙万代创造优良和健康的环境。

　　我和同事们经过十余年的悉心研究和广泛的收集信息，现已掌握了生物冰核和生物氢的生产和应用技术，并拥有了有效的基因工程菌和成功地大规模培养发酵工程菌的工艺和专利。

　　生物冰核在国际上已成功地用于商业运行，并取得了巨大的经济效益。它可用于人工造雪、人工降雨、人工驱散雾和霾及防治冰雹的发生等。现在化学冰核主要以碘化银和溴化银，以及难以处理的干冰（固体 CO_2）为主，成本高，并会造成二次污染。而生物冰核价廉物美，节能环保，所需成本仅为化学冰核的60%。所以，生物冰核的生产与应用被誉为 21 世纪的环保旗舰和最高的科学技术产品（State-of-the-art）。

　　生物能源氢（H_2）是永不枯竭的无碳能源。它是最有希望和最有益于环境，并有利于农业持续发展的新兴科学技术的产业（用 1kg 作物残体可制造出 50L 生物氢）。目前，全世界正在努力进行研究和发展，我国亦已开始了生物氢的研发，此项技术的开发应用将具有巨大的市场前景。现在，我们将成熟的技术和资源编撰成了《生物冰核和生物氢的应用——划时代的生物工程》一书，并将由中国农业科学技术出版社出版。该书内容新颖，取材广泛，理论联系实际，不失为当代科学技术创新的优秀著作。

　　本书能及时出版，完全得益于中国农业科学技术出版社的编辑和领导的关怀与支持，得益于中国农业科学院、浙江大学、北京林业大学和南京九康壹可农业科技有限公司的教授、学者们的精心撰稿和校阅。在此，我对他们付出的辛勤劳动表示深深的谢意。

最后，十分感谢我国著名微生物学家陶天申教授不顾八秩高龄为本书作序，在此，我深表敬佩和谢意，并遥祝他健康长寿。由于作者水平有限，错误和不足之处在所难免，敬请读者批评指正。

闵九康

2015 年元旦

目　　录

第一章　生物冰核的作用及其应用

导　言

生物冰核的作用已在广泛的科学基础上引起了科学家的兴趣和高度的关注。植物生理学家和农学家发现，农业上重要霜冻敏感程度都与冰核作用有关。当冰核（Ice nucleators）是一种很小的腐生物细菌时，它便成为主要的异质冰核剂。这种现象大大地激发了微生物学家和生物化学家的兴趣。冰核还可用于冰核活性基因（INA genes）以作为转录作用和转导作用的报道基团。现已发现，腐生细菌是大气中冰核的重要来源。因此，生物冰核又引起了气象学家的兴趣。

生物冰核作用也能调控冷血动物冬季的生存状况。许多不耐冻的昆虫为避免冻死，可通过内在发生的冰核作用而抑制温度的下降。相反，一些耐冻昆虫则能合成冰核蛋白质以确保在零下低温时出现冰冻。同样，冰核作用的温度也是细胞和组织低温贮藏时的一种临界因子。

异质冰核作用现象虽然长期备受关注，但是在20世纪70年代以前却无人问津。现已发现，自然界最活跃的冰核乃是生物源。这一发现，引发了全球一系列会议的召开，许多论文和评述的发表。

在生物系统中有关冰核作用的科学论文和专著如雨后春笋般的出现。因为，该项技术的研究范围十分宽广。其中主要有气象学，细菌学，植物生理学，农学和冷血动物（特别是昆虫）耐冻生物学，以及冰核作用在医药，低温生理学，食品科学，以及人工造雪，人工造雨和驱散雾霾技术中的应用。

现在，全世界都十分重视该项技术的开发和应用，并特别强调和重点研究了如下内容。

1. 冰核作用的原理

2. 细菌冰核作用的发现及其在植物冻害中的作用

3. 冰核作用生态学 – 活性细菌

4. 细菌冰核的生物化学

5. 冰核活性基因（INA genes）和蛋白质的鉴定与分析

6. 细菌冰核活性蛋白质（INA proteins）三维结构的分子模拟

7. 植物的耐冻性

8. 冰核作用活性与植物和真菌的关系

9. 木本植物深度超冷和细胞壁结构的作用

10. 木本植物花芽的深度超冷过程

11. 腐生菌冰核作用的调控——植物冻害的管理技术

12. 利用冰核微生物对昆虫进行生物防治

13. 冰核作用基因——报道基因

14. 细菌冰核活性在食品加工中的应用

15. 冰核作用在低温贮存中的作用

16. 生物冰核的喷洒技术

一、植物的耐冻性

粮食和纤维生产，是最重要的全球实业，其通过贸易使各国相互联系和交流。许多有经济实力的国家会从大量生产粮食和纤维的国家购置这类产品。各国不同的气候和气象条件，如霜冻和干旱，都会导致农产品产量和品质的下降，从而对生产国家造成极大的经济损失。即使大国在其某些地区乃至全国也会因一种非生物胁迫造成作物产量的严重损失。例如，在加拿大西部1992

年 8 月中旬出现非季节性霜冻而使作物损失超过 10 亿美元。由于霜冻，不仅造成减产，而且造成品质下降。因此，由高品质制造面包的面粉往往会变为价值较低的饲料。这样，不仅对面包生产者造成极大的损失，而且也影响了小麦处理厂、铁路、国际贸易、面粉厂和农场的经济效益。

温带作物的生长季节一般由温度和无霜期所确定。全球变暖导致温度升高，从而使农作物早出苗，早抽穗。因此，这也增加了非季节性霜冻的危险。因温度升高，果树也会提早开花，从而也会遭到霜冻的危害。

由于霜冻在植物分布以及作物产量和质量形成过程中起着重要的作用，所以防治和避免霜冻无论是从实用还是研究水平上现时都受到了极大的关注。植物组织在零下时便会出现霜冻的危害。最近发现了生物冰核，所以科学家便提出了许多利用生物冰核防治冻害的方法。在缺乏冰核时，当温度降至零下几度时，水亦不会结冰。生物冰核如细菌或真菌，它们都是外在冰核剂（entrinsic agents）。这种外源冰核剂的结冰起始温度近于零度。最近的证据表明，在植物中也存在着内在冰核，它的结冰起始温度在零度以下。与之相比，某些花芽，如杜鹃花植物的花芽和硬木质树的花芽，它们都缺乏内在和外在冰核。因此，杜鹃花花芽能耐 $-20 \sim -15℃$ 的超冷。美国榆树的木质部髓射线柔软组织细胞则在冬季能耐 $-45℃$ 的超冷。

二、植物的抗冻性

自然界的植物会通过一些不同类型的冷冻胁迫，这些冰冻胁迫主要有非季节性霜冻（正常期为正常季节）和极度低温（当植物休眠和生长不活跃时则属正常温度）。根据最低温度原理，植物会部分地受伤害或冻死，其结果是造成减产，质量下降，甚至绝收。在春夏两季植物的旺盛生长阶段，结冰的瞬间便会冻死，如黄瓜（ -3 ~ -2℃），而禾谷类作物则能耐冰点至 -9℃。一些冬季作物则能适应秋天的温度低至 -30℃。大部分耐寒植物如多年生木本植物在活跃的生长期不会耐 -30℃ 的温度。但是，当完全适应低温后，这类植物则会耐 -196℃ 的低温。

不耐寒植物，当组织中结冰时，不管其结冰的起始温度如何，它们都会遭到冻害。植物组织中结冰会导致机械损伤和/或脱水伤害。如果在零下温度时结冰，那么，细胞中的水分就能耐超冷冻，而且不会发生伤害。所以，不耐寒植物为抗冷冻而保存自己，就必须避免和躲开结冰的危害。耐寒植物如能将细胞质中的水排出，那么它就能耐组织的结冰。耐寒植物耐冰冻的能力取决于许多因子，这些因子有结冰点，结冰的温度，结冰过程中冷冻速度，冰核增大速度，曝光的最小温度和曝光冰冻过程等因子。温带植物对低冷温度适应的固有能力及其适应的速度是限止低温生存的两个重要因子。植物对低温的适应是一个复杂的遗传特性，它是由低温诱导而发生，并导致形态和分子的变化。最近，植物超冷学方面的进展，以及与冷冻适应性有关的基因确认和坚定大大地增强了我们对植物抗冰冻原理的了解。

三、植物的冻害

在植物生长期间，天气晴朗和无风的夜晚所出现的放射状霜冻是最为普通的冰冻类型。与天空快速散热平行的定向大叶片通过背面体辐射而朝向上空，并能将温度冷却至周围环境温度以下。所以，在平时冷凉时叶片和空气温度会以类似的速度下降，其是由流入的冷空气所致，而且，在植物生长季节也会发生这种现象。如前所述，某些不耐寒的植物组织，如黄瓜和番茄，它们在冰核形成的一刻就会受到冻害。因此，这些植物为了有效地避免非季节性霜冻，它们必然会通过降低组织中水分的冰点或通过最大地增加超冷程度和超冷进程而免遭冻害。

在严酷的冬季条件下可以生存的多年生植物，它们能在秋季形成耐冻特性。冰核形成的温度和位置对最终的耐冻水平有着深刻的作用。一般而论，在冰冻以前，植物已经受了超冷条件，因此，在持续结冰冰冻过程中，它们更会受到伤害。Siminovitch 和 Scarth 曾指出，耐寒植物于冰冻前持续遭受超冷，那么，细胞冻死的可能性就会增加。科学家证实，初始冰核形成的温度接近零度时有可能降低植物的伤害程度。随后 Olien 进一步证明，超冷能促进冷冻的失衡，从而不会对植物组织造成伤害。在明显地超冷以后的快速冷冻失衡过程而形成冰核时有大量的 Gibbs 自由能，这种自由能对冰核－液界面植物组织的破坏提供了能源。能在 $-3℃$ 时结冰的冬小麦花冠组织，它的抗冻性就比 0℃ 以下结冰的品种要差。

Rajasherar 等测定了茄品种（*solanum acaule*）叶片在 $-1℃$ 时会结冰，从而可在 $-7℃$ 时仍能存活。但如果叶片在 $-3℃$ 时结冰，那么它们便会在这一温度被冻死。类似的研究报告表明，梅品种（*prunus* spp.）的花芽亦会出现这种现象。这些研究证明，就大部分植物品种而言，如果初始结冰的温度为 0℃，那么植物就能耐较低的温度而成活（与发生超低温相比）（表）。

表　在田间条件下植物结冰起始平均温度

品种	结冰起始温度（℃）
桃（*prunus persica*）	-1.6
苹果（*Malus domestica*）	-1.3
欧洲水青冈（*fagus sylvatica*）	-1.6
木来木（*cornus florida*）	-1.8
纯刺冬青（*Ilex crenata*）	-1.6
圆柏（*Juniperus chinensis*）	-1.3
西洋梨（*pyrus communis*）	-2.1

（续表）

品种	结冰起始温度（℃）
山莓等品种（*Rubus communis*）	−1.6
美国五针松（*pinus strobus*）	−1.2
冬北红豆杉（*Taxus cuspidata*）	−2.0
番茄（*Lgcopersicon esculentum*）	−2.0
玉米（*Zea mays*）	−2.5
大豆（*Glgcine max*）	−2.7
菜豆（云扁豆）（*phaseolus vulgaris*）	−2.7
陆地棉（*Gossypium hirsutum*）	2.5

冰核作用的微生物主要有下列几属。

假单胞菌属（*Pseuomonds*）

欧文氏菌属（*Erwinia*）、（*Listeria*）、（*salmonella*）、（*vibrio fischeri*）

植物中一旦形成冰核，就会迅速转向胞内间隙，并蔓延到含有较多水分的大维管束。冰核又会从维管束通过胞外间隙而扩散，并不断移动，直至不含水分的植物组织或较温暖的区域停止。因为，在霜冻发展过程中，植物各部分的温度会有5℃的变化。在木质茎中，冰核移动速度会达到 60～74cm/min（试验室模拟结果）。在大田条件下，冰冻始于几个冰核点或冰核形成点，然后迅速扩散至维管束。在耐寒植物中，这是防止超冷的有效方法，而且可以减少细胞形成冰核的危险。

四、植物和真菌的冰核作用活性

生物冰核主要是由一些腐生细菌品种而形成。它们具有在较暖和温度条件下开始结冰的能力。

五、冻害的防治

1. 利用杀菌剂

某些化学物质能杀死或阻止冰核细菌的繁殖,从而减轻霜冻的危害。这类化学品都含有各种金属离子,如铜化合物;有机化合物和抗菌素,如 *streotongcin*,*Oxytetracycline*(*Terramycin*)。

2. 利用竞争性细菌

植物能在正常条件下快速地培养起细菌群落。不同植物品种叶片具有最大的细菌群落可称作"载荷容量"(carrying capacity)。不同植物品种具有不同的载荷容量。例如,菜豆叶片是典型的细菌保藏处,它的容量约为 10^6 个/g,而脐橙(navel orange)叶片也有 10^5 个/g。在一种植物叶片上,腐生细菌群落量小于载荷容量,那么在接种细菌后便会快速增长。在温室或人工培养室栽培植物时,其缺乏其他腐生细菌,因此,非冰核活性细菌(无 INA 细菌)便会迅速繁殖增长,其量可达每克 10^7 个。研究表明,无 INA 细菌(非冰核细菌)的迅速繁殖可以大大减轻冻害。

3. 利用抗菌素

抗菌素对叶表面细菌的作用并不重要。由于叶片上具有的不同品种的细菌或变种数几乎近似。所以,一种细菌产生的抗菌素会危及叶片上其他的细菌。现已证明,由 *E. herbicola* 产生抗菌素(细菌素)能抑制植物上敏感的腐生细菌。Lindow 证明了植物叶片 *P. syringae* 在对抗作用中不会产生抗菌素。随机取样的细菌有约 50% 会对叶片上 *P. syringae* 菌产生抑制作用。产生抗菌素的菌种可通过暴露于乙基甲烷磺酸盐而进行诱变,并注明诱变菌株不会产生抗菌素。这些变种与其母种相比,其同样具有抑制叶片上 *P. syringae* 生长的能力。但在所有的试验中,这些变种不具有母菌那样产生抗菌素的能力。这类研究表明,其他因子,如对营养和能源的竞争，以及叶面上的细菌之间的相互作用都会发生。因此，应当对下列重要项目进行研究。

首发竞争性排斥的重要作用；

叶面上有限因子的特性；

颉颃菌的选择；

竞争作用的特异性；

生物防治的效益；

竞争性细菌的商业应用。

第二章　生物冰核（Biological Ice Nucleators）的生产工艺和应用技术

导　言

冰核－活性细菌［Ice nucleation–active（Ina）bacteria］已成功地在许多商业领域中广泛地应用，并取得了巨大经济利益。研究表明，这种冰核技术的应用有着很大的优势，即冰核微生物具有能在零上温度时有效地开始结冰的能力。因此，在较大范围内，冰核活性细菌的商业潜势和价值大大减少了能源的消耗，并提高了环境质量。应用 Ina 细菌可使温度在 0℃ 以上时有效地开始结冰冷冻，从而减少能源消耗。

迄今为止，冰核活性细菌最大的商业应用是人工造雪造雨及其应用技术。研究表明，Ina 细菌在人工造雪技术上占有高效低价和环保的优势。实践证明，利用生物冰核细菌造雪比非生物冰核造雪具有极大的优势。因此，Ina 细菌冰核应用和科学研究受到了各方的极大关注。其中已成功的生物冰核技术和应用的项目有：①人工造雪；②冰库（ice ponds）自然热量贮藏；③人工造雨；④动、植物生物防冻剂；⑤冷冻结晶作用（freeze crystalliza-tion）；⑥通过散播种子云（cloud seeding）而进行天气改善和修饰；⑦极地冰岛结构的调节；⑧盐水的纯净化；⑨生物除雾除霾剂（生物冰核）的生产和应用。

一、Ina 细菌的发酵技术和展望

1. Ina 基因型冰核活性细菌的生产和在商业上的应用

2. Ina 细菌的大规模生产

生物冰核细菌在商业上成功的应用基础是能以低价和高质量而制造出大量的生物冰核制剂（即 Ina 细菌）。因此，必须发展有效的发酵技术及研发出各种有效条件和因子。生物冰核细菌的商业化始于 1985 年，其是由杰尼克国际有限公司（Genencor International，Rochester，New York）研发的人工造雪产品，并发展了人工造雪。该公司生产的产品有冰核 I 型和 II 型。它的商品名为斯诺克斯造雪先锋（Snomax Snow Induer）。到目前为止，该公司的生产技术和产品仍然被誉为商业造雪的最高级艺术产品。

3. Ina 细菌发酵工艺（图 2 - 1）

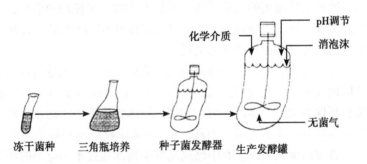

图 2 - 1   杰尼克国际有限公司生产高质量生物冰核活性菌的流程

4. *P. syringae* 及其对细菌感染的敏感性

5. 冰核活性剂（生物冰核）的生产流程（图2-2）

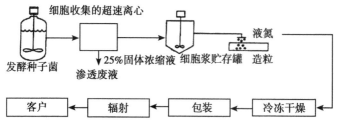

图2-2 冰核细菌生产的商业化过程

二、生物冰核技术的商业化进程

1. 人工造雪

在广阔的滑雪场，为确保在不同气候条件下整个滑雪季节都具有足够的雪量，人工造雪便成为必不可少的技术措施和实际有效的经济收入。据估计，美国每年雪产量约需用100亿US加伦（gallons），即3.78×10^{10}L的水来生产6.0亿英亩·呎（7.00×10^{10}m^3）的雪。标准的滑雪场每天开放时估计需要用500～750 000US加伦的水来生产出3～4英亩·呎（3 500～4 000m^3）的雪。滑雪场在早晚典型季节的边际天气（Marginal weather）条件下数量和质量都受到了限制，从而缩短了滑雪时间，侵害了滑雪者的权益。因此，人工造雪便应运而生，并且发展十分迅速。在滑雪季节，温度在-2℃以上时便会影响造雪机的运行，从而导致人工造雪的数量和质量的下降。

在人工造雪过程中，通过雾化喷水是普通的技术过程，但生物冰核剂则对人工造雪极为有效。在标准造雪采用形成水滴的装置时，生物冰核剂便能将水滴形成雪而不需要使水超冷。杰尼克国际冰核公司（Genencor International, Inc）成功地生产了冰核剂（Ice nucleators）而实现了商业化。斯诺麦克斯（SNOMAX）冰核剂是一种干粉状商品，其含有 Ina$^+$ *P. syringae*（冰核活性丁香假单孢菌）。实践表明，它能在温度 1.1℃ 时有效地进行人工造雪（生物造雪）。在典型造雪过程中，使用 270g SNOMAX 冰核剂便能使 100 000 加伦（gallons）水形成人造雪。生物冰核剂除能增加雪的体积和质量外，它还能在利用标准造雪设备时提高成雪温度，同时生物造雪的密度也下降了 10% ~ 15%。因此，生物冰核剂造出的雪量（体积）增加了 25% ~ 60%。

自 1985 年在加拿大卡尔加利冬奥会（Calgary and Albertville Olympic Games）和 1994 年挪威里利哈默冬奥会（Lillehammer O-lympic games in Norway）使用人工生物造雪以后，人工生物造雪剂（SNOMAX 生物冰核剂）的应用遍及全球，同时其也作为常规的生物造雪剂用于生物造雪。现在北美洲、南美洲、澳洲和新西兰、日本、欧洲的滑雪场都广泛地应用了生物冰核剂以制造生物雪。

2. 自然热源库（图 2 – 3）

自然热源库系统（Natural thrmal storage systems）是众所周知的"冰库"（Ice ponds）。它也是简单的户外人造冰库（图 2 – 3）。它的应用大大减少了成本。

3. 冰冻 – 晶化作用和水的纯净化

4. 气象修饰作用（Weather Modification）

气象修饰作用［播散云种子（cloud seeding）］是国际上处理各云层或雷阵雨系统的有效方法，其目的是为改变物理过程以在云层中形成水滴和冰晶，并不断扩大范围。在超冷云层中，冰晶的形成能造成大范围的降水。其是众所周知的冷雨过程。但是，在许多地区的大气中仅有极少量的冰核，因此，其便降低了冷雨过程的作用。据此，为了增加降雨过程，人造冰核便成为常规的气象修饰技术。因此，一旦形成冰核，冰晶便会积聚水分，

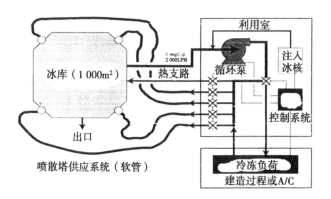

图 2 – 3　自然热源贮存的冰库（Ice ponds）

并不断增大和增加数量，直至成雨或成雪下降为止。同时，降水量还取决于近地面大气中的温度。播散成云种子菌（cloud – seeding agents）可以驱散雾和层云（stratus 或 cumulus mediocris clouds）（俗称霾），同时可增加冬夏两季的降水量和抑制冰雹的发生。

25 年前，科学家就发现了自然界的某些细菌菌株能有效地在微超冷条件下形成冰核。在大气中大部分自然形成的冰核于较高低温度（> – 10℃）时并不活跃。所以，科学家便大力探索能将水转化为冰晶的新的冰核类型。虽然，干冰（dry ice）是暖温条件下非常好的冰核主来源。但是，干冰的处理、贮存、容重和驱散等方面都会遇到较大的困难。

最近，杰尼克国际有限公司（Genencor International，Inc）利用 *P. sgringae* 进行了商业化生产，其产品称为斯诺麦克斯气象管理员（SNOMAX Weather manager）。它成功地用于了大气冰核的生产（图 2 – 4）。

斯诺麦克斯气象管理员的大气试验结果（图 2 – 4）表明，*P. syringae* 是大气中人工冰核最有价值的生物制剂。它的成功应用使冰核细菌（Ina⁺ bacteria）人工造雨造雪全面取代了化学造雨造雪。即取代了碘化银和固体二氧化碳（干冰）造雨造雪的方法。因生物造雨造雪价廉物美和环保等优点，所以在全球已成为气象修饰的常规方法。

  5. 极地冰核技术的应用

  6. 盐水的净化

  生物冰核技术能使海水淡化成饮用水，其价格为每1 000加仑（1加仑＝4.546升。下同）所需费用1.50~3.00美元。其比用反渗透法的价格便宜，而且质量有保障。该生物冰核系统每年可使1.5英亩（1英亩＝4 046.86平方米。下同）·水库中的6×10⁷加仑水制成脱盐水以供饮用。同时，研究表明，每分钟可造出1 000加仑的脱盐水。因此，生物冰核造出的水还能除去许多无机化合物（杂质），从而保证了水质。

三、摘要

  生物冰核剂的应用可以大大节约能源、减少成本，且无二次污染的优点。所以，其已在许多国家用于滑雪场和冬奥会的生物雪源、生物降雨、驱散雾霾以及自然热源库和水的净化。

  迄今为止，最好的冰核活性细菌（Ina⁺ bacteria）是 *P. syringae*，以其制成的产品（商品名）为斯诺麦克斯气象管理员（SNOMAX Weather manager）和造雪先锋（SNOMAX Sonow lnducer）。

  利用生物冰核技术造雨、造雪和驱散雾霾的成本大大低于化学制品，而且无二次污染。

  生物冰核造雪的质量十分可靠，并成为气象修饰的常规产品和方法。同时，产品受到了各方的欢迎，因此，市场前景十分乐观。

  生物冰核具有使水溶液冰冻温度降至最低的能力，而且能在

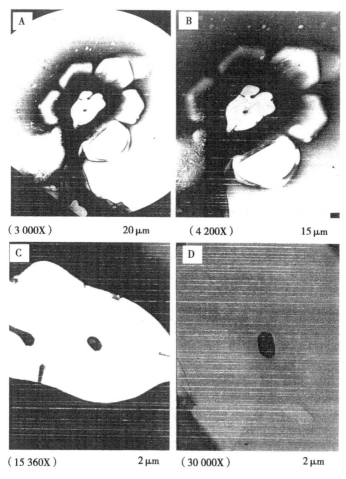

（3 000X）　　　　20μm　　（4 200X）　　　　15μm

（15 360X）　　　　2μm　　（30 000X）　　　　2μm

图 2 - 4　电子显微镜下的生物种子冰核晶体

　　较高零下温度时促进冰晶的形成。因此，这就表明，利用能形成冰核的微生物（Ina 细菌）以制成生物冰核，并广泛用于生物造雪、生物降雨以及驱散雾霾等许多领域。Ina 细菌的功能和鉴定与其生物化学和生理学相结合，可以设计出生产 Ina 冰核的工艺和应用方法，同时，其也是进行商业化运作的有效方法和技术。

一些发达国家，已研发出 Ina 细菌高效的发酵工艺，从而使 Ina 细菌（P. syringae）产生冰核基因能高度表达。研究证明，发酵过程的营养和环境信号（signals）是 Ina 细菌（P. syringae）基因有效表达的极为重要的因子（effectors）。经科学家的努力，现已能成功地生产出每克干细胞具有 1 千亿个冰核的技术和方法。同时，研究也指出，就其他 Ina 细菌基因表达而言，营养和环境信号也起着重要的作用。

生物冰核技术和方法可以广泛用于生物造雪、生物造雨、改善其他气候条件、热量贮藏，极地冰体结构和冷冻结晶（冰体）、食品加工和水质纯化等领域，而且已成为有效的商业化运行模式。生物冰核的主要作用在于其能大大降低水溶液成冰时的超冷温度，从而减少了结冰时的能量消耗。因此，发展生物冰核及其应用技术便成为节能减排的最有效的生物技术之一。研究表明，利用生物冰核造雪不仅成本降低（与化学冰核相比，可以降低成本 40%），而成雪的质量大大提高，且无二次污染。因此，生物冰核及其应用技术将是未来重要的，独一无二的新一代生物技术，其将全面替代传统的化学冰核。因此，物生冰核被誉为最高的技术水平产品，应用前景十分广泛。

研究表明，冰核-活化（Ina⁺，Ice⁺或 INA）是在温度略低于0℃（即 -5 ~ -2℃）时微生物（如细菌、真菌和地衣）所具有的冰核活性（Ice nucleation activity）。冰核作用所产生的生物冰核（Ice nucleus）又称冰胚（Ice embryo）是一种冰核活性蛋白（Ina proteins）。同时亦是一种生物冰核基因（Ina genes）。科学家经过详细的研究证实，生物冰核基因是一种报告基因（INA Reporters）。它可广泛用于许多生物技术。

第三章　生物氢（H_2）
——永不枯竭的无碳能源

导　言

全世界矿物燃料煤和石油等资源不断下降，且不可再生。目前，各国政要和科学家都预见到生物燃料的发展前景，其主要理由是：①矿物燃料的资源、产量与实际需求缺口不断扩大；②世界最大油田，如北海油田（英国与荷兰之间的油田）等已经在2012年耗尽；③非 OECD（经济合作与发展组织）国家需要的燃料突飞猛进地增长（我国居世界之首）。而且现行以矿物燃料为基础的能源会放出大量的二氧化碳，造成城市空气的污染和全球温室效应的发生，在一定程度上还会放出二氧化硫和氧化氮，对大气造成更大的污染，因此，需要发展新的可以减少环境污染的燃料。生物燃料是全世界可利用的第二大能源，在发展中国家，约有20亿人完全依赖于生物燃料为其所需要的能源，这要占发展中国家所利用能源的35%。生物能源包括了直接利用生物加工产物，如木质燃料、炭、农业废气物、生物可燃液体等。最近，经济合作和发展组织中一些国家明令允许生产和供应生物燃料，特别是在用于运输燃料方面需求更甚，其中主要生产和供应酒精和氧合化学制剂。同时，利用生物燃料的各种机械和运输工具等亦应运而生，其中许多汽车制造商已批量生产可用生物燃料，特别是生物氢将有可能是未来的重要能源。氢极易用于发电和作为机动车的燃料，而且是清洁能源（无污染燃料）。因此，生物氢的研制和生产受到了极大的关注。现在生物天然料如酒精和生物柴油等已开始大面积生产和应用，而生物氢则最有希望和最有益于环境，并有利于农业的发展。对此，全世界正在大力进行研究和发展。

优质高效的可再生能源——氢

氢是一种二次能源，一种理想的新的含能体能源，在人类生存的地球上，虽然氢是最丰富的元素，但自然氢的存在极少。因为必须将含氢物质加工才能得到氢气。

氢能作为"二次能源"，国际上的氢能制备来自于矿石燃料、生物质和水。工艺主要有电解制氢和生物制氢等。这些方法中，90%都是通过天然的碳氢化合物——天然气、煤、石油产品中提取出来的。除了生物制氢技术外，其他的制氢技术都要消耗大量的石化能源，而且也要在生产过程中造成环境污染，所以采用生物制氢技术以"减少环境污染"和节约不可再生能源，有可能成为未来能源制备技术的主要发展方向之一。

氢气是高效、清洁、可再生的能源，在全球能源系统的持续发展中将起到显著作用，并将对全球生态环境产生巨大的影响。氢原子序数为1，常温常压下呈气态，超低温、高压下又可成为液态。

氢本身是可再生的，在燃烧时只生成水，不产生任何污染，也不产生 CO_2，可以实现真正的"零排放"。此外，氢与其他含能物质相比，还具有一系列突出的优点。氢的能量密度高，是普通汽油的 2.68 倍；用于贮电时，其技术经济性能目前已有可能超出其他各类贮电技术；将氢转换为动力，热效率比常规石化燃料高 30% ~60%，如作为燃料电池的燃料，效率可高出一倍；氢适于管道运输，可以和天然气输送系统共用；在各种能源中，氢的输送成本最低，损失最小，优于输电。氢与燃料电池相结合可提供一种高效、清洁、无传动部件、无噪音的发电技术。氢也能直接作为发动机的燃料，日本已开发了几种型号的氢能车。预计在 21 世纪，燃氢发动机将在汽车、机车、飞机等交通的应用中实现商业化。氢不但是一种优质燃料，还是石油、石化、化工、化肥和冶金工业中的重要原料和物料。石油和其他矿物燃料的精炼需要氢，如烃的增氢、煤的汽化、重油的精炼等；化工制氧、制甲醛也需要氢；氢还可用来还原铁矿石。用氢制成燃料电池可直接发电。采用燃料电池和氢气—蒸汽联合循环发电，其能转换效率将远高于现有的火电厂。随着制氢技术的进步和贮氢手段的完善，氢能将是 21 世纪的能源主流，需求将大大增长。

水电解制氢是目前应用较广且比较成熟的方法之一，我国各种规模的水电解制氢装置数以百计，但均为小型电解制氢设备，其目的均为制得氢气作原料而非作为能源。对电解反应中电极过程、电级材料等方面的课题，许多高等院校和研究单位均曾开展过研究。光化学制氢是以水为原料，用光催化分解制取氢气的方法，20 世纪 70 年代开始国外就曾有研究报道。目前尚处于基础研究阶段。以煤、石油及天然气是当今制取氢气的方法，该方法在我国都有成熟的工艺，并建有工业生产装置。

发达国家和发展中国家都在致力于开发生物燃料。生物燃料或生物柴油起源于 1912 年，于 1991 年达到了新的里程碑，被誉为燃料革命的新时代。在欧洲，纯酒精的生产规模甚小，但增长速度很快。在奥地利和意大利现已发明了许多生产酒精和菜籽油燃料的先进技术方法。其中有许多欧洲国家已经采用生产这两种液体生物燃料来代替矿物柴油。最近报告，法国、德国和英国鉴定及论证了小麦、油菜籽、糖料和其他作物生产液体生物燃料的潜力和发展前景。美国和加拿大等国大力支持和发展用于生产生物燃料的技术，而且为用玉米制造的酒精开辟了广阔的市场。

光合作用微生物会产生氢（H₂），这是一个重要的发现，但在 1973 年发生了能源危机时才受到关注和重视。许多科学家和研究者开始探索生物能源作为有潜力的氢发生器。自此以后，不同类型的氢发生器就应运而生。同时，高效产氢菌的研究也突飞猛进，其基本构思是以光合作用生物化学原理，氢代谢和细菌、藻类生理学等为基础。利用微生物在常温常压下进行酶催化反应可制得氢气。生物质产氢主要有化能营养物产氢和光合微生物产氢两种。目前已有利用碳水化合物发酵制氢的专利，并利用所产生的氢气作为发电的能源。光合微生物如微型藻类和光合作用细菌的产氢过程与光合作用相联系，其被称光合产氢。20世纪90年代初，许多单位曾进行"产氢紫色非硫光合细菌的分离与筛选研究"及"固定化光合细菌处理废水过程产氢研究"等，取得一定效果。在国外已设计了一种应用光合作用细菌产氢的优化生物反应器，其规模将达日产 $2\,800m^3$，该法采用各种工业和生活有机废水及农副产品的废料为基质，进行光合细菌连续培养。

生物制氢发展趋势和成本

生产出廉价的氢源是制氢工业化的关键所在。目前初具规模化的是从煤、石油和天然气等化石燃料中制取氢气，但从长远观点看，这不太符合可持续发展的需要。生物制氧技术由于具有常温、常压、能耗低、环保等优势，所以，成为目前国内外研究的热点。近年来，混合培养技术已越来越受到人们的重视。蓝细菌和绿藻可光裂解水产出氢，依据生态学规律将之有机结合协同产氢技术现已越来越引起人们的研究兴趣，因为其成本低，且无二次污染。

一、产生氢气的微生物

(一) 细菌

1. 厌氧微生物

(1) 梭状芽孢杆菌 (*Clostridia*)

— *Clostridium pasteurianum*

— *C. butyricum*

— *C. welchii*

— *C. byeijrinclei*

（2）柠檬酸细菌

— *Citrobacter intermedius*

（3）甲基营养生物（*Methylotrophs*）

— *Methylotrophic bacterium*

— *Methylomonas albus*

— *Methylosinus teichosporium*

（4）甲烷细菌（*Methanogenic bacteria*）

— *Methanobacterium soehngenii*

— *Methanotrin soehngenii*

— *Methamosarcina barkeri*

（5）瘤胃细菌（*Rumen bacteria*）

— *Ruminococcus albus*

（6）*Archaea*

2. 兼性厌气微生物

（1）大肠埃希氏杆菌（*Escherichiacoli*）

（2）肠杆菌（*Enterobacter*）

— *Enterobacter aerogenes*

3. 好气微生物

（1）产碱杆菌（*Alcaligenes*）

— *Alcaligenes eutrophus*

（2）芽孢杆菌（*Bacillus*）

— *Bacillus licheniformis*

4. 光合细菌（*Phytosyntheticcbacteria*）

— *Thiocaps*

— *Chromatinum*

— *Autotrophs*

— *Rhodospirillum rubrum*

— *Rhodoseudomonas capsulata*

— *Rhodoseudomonas gelatinus*

— *Rhodopseudomonas spharolides*

5. 蓝细菌 (*Cyanobacteria*)

(二) 蓝绿藻

(1) 席藻 (*Phormidium luridum*)

(2) 栅列藻 (*Scenedesmus obliquus*)

(3) 衣藻 (*Chlamydomona reinhardtii*)

(4) 颤藻 (*Oscillatoria limnetica*)

(5) 聚球藻 (*Synechococcus s*)

二、生物氢 (H_2) 的生产

1. 概述

大气中的 CO_2 含量在不断升高，主要由矿物燃料的燃烧所造成，因此，急需发展新的高效的能源，以减少对环境的污染。氢是被首先肯定的未来能源，因为它非常容易转化为电能，而且是清洁燃料（不产生 CO_2）。以矿物燃料为基础的能源会发射出大量的 CO_2，在一程度上还会释放出二氧化硫 (SO_2) 和氧化氮 (ON_x)，从而造成大气的污染和全球变暖（温室效应），因此，生物 H_2 的生产和研究受到了广泛的关注。

早已发现，光合作用的微生物能产生 H_2，但并未受到重视。在 1973 年全球发生能源危机后，各国政要和科学家开始致力于生物 H_2 的研究和开发。自此，各种生物 H_2 发生系统和生产系统便应运而生。但这些系统都是以通行的光合作用的生物化学过程、氢代谢作用和细菌、藻类的生理学为基础。

生物光解作用 (biophotolysis) 的科学依据：3 种不同的酶能催化分子氢 (H_2) 的反应，其方程式为：$2 H^+ + 2e^- = H_2$。因此，3 种不同的酶被称作"吸收"性氢化酶，"可逆"性氢化酶和固氮酶（或产 H_2 酶），固氮酶是自然界生物固氮的酶系统，这 3 种酶有时会在同一种光合作用的微生物中存在，这一事实促进了氢代谢作用的深入研究。

生物光解作用一词可定义为水通过光合作用而分解为 H_2 和 O_2。只有产氧光合作用的生物如高等植物、藻类和蓝细菌能通过可见光或光合活化辐射作用（photosynthetically active radiation）PAR 将水光解成 O_2 并产生还原能，然后还原能经电子载体转化，从而构成了氧化还原催化剂（氢化酶或固氮酶），它们将 H^+ 还原而形成分子 H_2。但是高等植物因缺乏这类氧化还原催化剂，故不能产生 H_2。另一方面，一些厌氧和好氧细菌则具有这些酶，并能产生 H_2，经由产氧光合生物产生光合还原剂。有些光解系统能单独或与细菌相结合而通过光合生物有效地产生 H_2。现将一些生物产 H_2 系统列于表 3 – 1。

表 3 – 1　光合微生物的产 H_2 系统

系统	状态	关键性要素
单一系统（O_2 & H_2）		
1 绿藻（氢化酶）；光驱动	L	O_2 的清除
2 蓝细菌（固氮酶）；限制氮	O	Ar 的喷射
双系统（O_2/H_2）		
3 藻类（氢化酶）；日夜循环	L	产 H_2 量小
4 蓝细菌（固氮酶）；暂时性	L	同步作用
5 光合细菌（固氮酶）	O	基质中有氮化物
6 藻—细菌（氢化酶和固氮酶）	O	由基质供应细菌

注：L 和 O 分别代表实验室和室外工作室

2. 生物产 H_2 系统

生物产 H_2 系统最为广泛研究的过程是以蓝细菌（蓝绿藻）和光合细菌中的固氮酶中间体 H_2 为其基础的。杂色（heterocystous）蓝细菌能进行产 O_2 光合作用，因此，能在有光条件下同时产生 H_2 和 O_2。光解细菌不能利用水作为一种电子供体，但需要苹果酸和乳酸等有机基质。因此，从严格的意义上讲，这种产 H_2 系统不属生物光解作用。但是生物光解作用的广泛定义则可包括任何细菌由有机物进行光合过程所产生的 H_2，因为有机化合物源自光合作用固定的 CO_2，在光合作用过程中由水产生了 O_2。用显微镜对绿藻在光亮和黑暗条件下作为 H_2 发生系统亦进行了研究。

3. 光能转化效率

（1）蓝细菌产 H_2 率

许多科学家用两种基本的方法研究了生物 H_2 的产率，其一是利用有限氮对杂色（heterocystous）蓝细菌进行培养研究，其二是利用直接生物藻类和光合细菌直接进行研究。

一些单细胞、丝状非杂色藻品种和丝状杂色藻品种都能产生 H_2，虽然氢化酶催化产生 H_2 可在有光条件和黑暗条件下进行，前者为颤藻（Oscillatoria limnetica），后者则为鱼腥藻（Anabaena）。蓝细菌产生 H_2 主要是由固氮酶催化。在蓝细菌中，杂色品种如鱼腥藻，念珠藻和鞭枝藻（Mastigocldus specits）等已进行了广泛的研究。这些丝状蓝细菌有两种不同细胞类型即营养细胞和杂色细胞（heterocysts），而且固氮酶的氧敏感性可以通过在显微镜下将不同类型细胞分开成两个细胞而予以克服。杂色细胞缺乏光合系统 II，因而其不能放出 O_2，而营养细胞则会发出 O_2，同时光合作用的还原产物可转移至杂色细胞，并用作固 N_2 和产 H_2 的电子供体。

利用一种蓝细菌（Anabaena）和管状光生物反应器生产 H_2 可延续至 5 周。光能转化为氢能的效率在适宜条件下和一定的氮供应时 30 天平均可达到 0.2%。表 3-2 列出了室内和室外所获得的转化率数值。

表 3 - 2　蓝细菌生物光解过程中光能转化为氢能的效率

蓝细菌/光生物反应器	光源	光能转化率（%）	时间（天）
Anabaenacylindrica			
1 升量圆柱体	荧光	3.0（最大） 2.5（平均）	15
1 升量圆柱体	阳光	0.6（最大） 0.2（平均）	30
Mastigocladus laminosus			
1.7 升量圆柱体	荧光	2.7（最大）	
1 升量圆柱体	阳光	0.17（平均）	24

在实验室效率较高（最大 3%），但在室外则较低（最大 0.6%）。用高温型蓝细菌（*Thermophilic cyanobacteria*）和鞭枝藻（*Mastigocladus laminosus*）的试验并获得了同样的结果。

（2）绿藻和光合细菌的联合作用

人们业已证实，在微藻和光合细菌的结合下，生物系统可以将光能转化为氢能。海洋绿藻和海洋光合细菌两者都有较高的产 H$_2$ 活性，而且可分离和鉴定其产 H$_2$ 能力和代谢强度。藻类发酵过程中产 H$_2$ 能力较低，但其用光合细菌可以大大提高产 H$_2$ 效率，因为它的产 H$_2$ 所需能量来自有机化合物，而这种有机化合物是在黑暗的厌气条件下由藻类细胞发酵代谢所分泌。因此，藻类细菌联合系统便表现了较高的产 H$_2$ 效率，其值为 10.5mol H$_2$/mol 淀粉葡萄糖，在使用该系统所获得的数据和藻类光合作用或发酵作用所获的最大值时，可以计算出室外培养过程中光能转化率为 0.1%，并得到藻类的产量为 20g/m^2 每天。

（3）其他系统的能量转化率

生物 H$_2$ 生产的基本特点是以发展高效系统为目标来进行研究的。Pasztor（1990）和 Author（1988）测定了光能转化为氢分子的化学能的绝对热动力效率。在对完整微藻如栅藻属（*Scenedes-*

mus) 和衣藻属 (*Chlamydomonas*) 进行测定时,其最高转化率为6%～24% (PAR)。光合细菌 *Rhodobacter sphaeroides* 8703 光能转化为 H_2 的效率最大值分别为 7.9% 和 6.2%。这是在两种光照条件下,即 $50W/m^2$ 和 $75W/m^2$ 的氙 (xenon) 灯照明条件下进行的。

近年来,有人用微型微孔纤纸反应器将蓝细菌固定来测量光转化率,其值为 3.2%,且精确测定了吸收光而不是入射光。最近,测量能量转化率为 2.6% (PAR),试验用蓝细菌为产 H_2 高的聚球藻 (*Synechococcus* BG043511) 品种,这样的光效率是在人工较低光强度下进行而获得的。从实际观点出发,光合作用和产氢的光解作用应当在户外强光条件下进行研究。

(4) 生物产 H_2 过程——有益环境的过程

当今,最严重的环境问题之一是全球变暖,其主要是由矿物燃料大量的应用所引发。矿物燃料的燃烧除产生大量的 CO_2 外,还产生了氧化硫和氧化氮 (SO_x 和 NO_x)。这类氧化物及其衍生物的发射导致了酸雨,因此,破坏了天然生态系统的平衡。有限的技术难以消除水不溶性的氧化氮 (NO),这是大气中主要的NO_x 类型。然而,利用微藻类培养的生物学过程则可同时减少CO_2 和 NO 的排放数量。

人们为了研究藻类固定 CO_2 和氢的光解过程,设计出了一种管状光生物反应器 (直径 5cm,长 2.5m 的玻璃管)。将几种蓝细菌和藻类培养于这种光生物反应器内,并分别置于室内和室外,在萤光灯照明条件下,培养了 5 个微藻变种,试验证明,这种光生物反应器具有一些基本优点:藻类不会在管壁上生长;高效利用 CO_2;无 O_2 产生;较高的生产率以及易于操作。

使用这种管状反应器,微藻在低 pH 值和高 CO_2 浓度条件下进行遮蔽试验,同时获得了一个活跃的藻类变种,它能在气体中含有 100mg/kg NO 和 15% CO_2 条件下良好生长。大于一半的 NO 混合气体通过含有藻类细胞的反应管而减少。同时还能减少 CO_2

和 NO_x 的系统与细菌产 H_2 系统相结合，在与细菌产 H_2 系统相结合时，藻类生物体应用生物或物理化学方法进行预处理，这些方法有厌氧装置和热或酸处理，然后，在光合细菌或厌氧细菌的协助下，其才产生 H_2。为产生另一种能源时则可利用酵母或 *Zymomonas* 提供另一类产能过程，并产生能源物质如乙醇等。它是在光合作用固定 CO_2 时以淀粉产物而积累于藻类细胞中。

三、光合生物氢（H₂）的生产

1. 什么是光合生物氢（H₂）

在光合作用过程中，阳光被叶绿素和其他色素所吸收，并产生各种能源物质。为了达到这一目的，生物"阳光细胞"（Solar cells）具有电子转移系统，能将物理能转化为化学态能，其便可用于生物体的生长和发育，在物理能转化为化学能的过程中也会产生游离氢（H₂）。关键的 H_2 催化剂是固氮酶和氢化酶，它们存在于紫色细菌和蓝细菌中。固氮酶将分子氮（N₂）还原为氨（NH₃），也能将质子氢（H⁺）还原为 H_2，但应在一定条件下完成。在可见光条件下，有 4 种途径可以产生生物 H_2（图 3-1），这 4 种途径是如下。

（1）光合电子在水分解成氢供体和氢化酶作用下成对转移

（2）同样，在固氮酶作用下形成氢催化剂

（3）利用分离的光合电子的转移和色素系统（PET）经由 1 和 2 两种途径产生 H_2。同时，也可在一种离体的（细菌）氢化酶或人工氢催化剂作用下产生 H_2

（4）紫色细菌的细胞系统与作为 H_2 源的有机化合物作用产生 H_2

就蓝细菌（俗称蓝绿藻）而言，水是主要的氢供体，而紫色细菌，其需要外源有机物（如乳酸），这对生物修复工程具有重要的意义。一种偶合的发酵装置，它可用于自养生物光合藻类

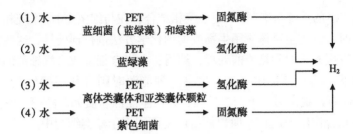

图 3 - 1 光诱导的微生物产 H$_2$ 过程

注：*PET，光合电子转移和色素系统，其位于紫色细菌、蓝细菌和绿藻的膜囊（类囊体）中

的培养来生产有机化合物，还可不断地供给有关的紫色细菌。蓝细菌进行光合生产 H$_2$ 的系统与有机碳源无关。这一事实极为重要，并将在下列内容中作详细讨论。

在理论上，有可能将水分子分解，水分子在光量子（约 300 Kjoule/mol H$_2$O）和波长为 400nm 以下时分解成 O$_2$ 和 H$_2$。在入射的太阳辐射光中，有效质量的光约为 10%，由于叶绿素吸光能的特性，它能利用（吸收）400 ~ 700nm 波长的光。这些波段的光在太阳光能中占 45%。据此理论，一致认为生物阳光能转化需要两个光量子的反应（图 3 - 2，表 3 - 3）。

两个吸收光光量子通过一个生物化学转移系统将驱动一个电子，该转移驱动系统意味着需要 4 个光量子才能产生一个 H$_2$ 分子。为了完成一个有两个光量子参与的过程，所以，需要有两个"光能系统"应进入光合细胞膜（称类囊体）中。这种非人为系统的类型就可见光而言尚不能制造。因此，光驱动水产生 H$_2$ 的技术还必须由这种生物学机理来完成。

正如其他研究表明，利用可见光完成的光解电子转移系统会产生最大的能量，其值为 8%（表 3 - 3）。同一范围内的图也适用于紫色细菌（表 3 - 4）。

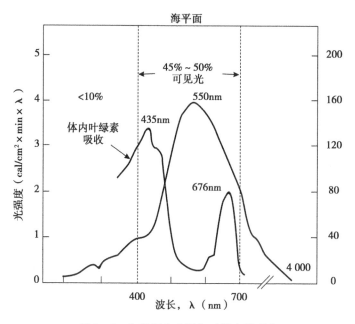

图3－2 入射阳光光谱与叶绿素的吸收

表3－3 水的分解

物理过程：1—光量子与100nm以下波长的光发生反应

$H_2O \xrightarrow{\hspace{2cm}} H_2 + O_2$，每摩尔水需要

300Kjoule（~72Kcal）能量

生物学过程（光合作用）

（a）400~700nm 可见光
（676nm＝176Kjoule/Einstein）
叶绿素吸收的最大值
（435nm＝251Kjoule/Einstein
平均值约为215Kjoule/Einstein
（b）水裂解时设定的专性多量子反应过程
E＝N×h×c/n（＝1mol 量子的能，其称为1Einstein）

注：1 爱因斯坦（Einstein）＝1mol 光子

表 3 – 4　生物光解效率和生物体产量一年的平均值
（基本反应：$2H_2O \rightarrow O_2 + 2NADPH \cong 425Kjoule$）

	百分率（%）
（1）入射光，海平面	
300 ~ 4 000nm	100
（2）反射或非特导吸收时	
植物上或植物中能损耗	80
（3）光合作用的活性辐射（"phar"）	
400 ~ 700 $\cong$ 45% #2	36
（4）阳光（550nm）的最大能对叶绿素的吸收	
（"绿色间隙"，"green fap"）	29
（5）在676nm光时，每产生一分子 O_2 需要10个量子：	
10mol 量子 = 10 × 176 = 1760KJ/10Einstein	7
（$\Delta E' = 1.1V \cong 425KJ$（4mol 电子）	
（6）通过附加色素来改良的"绿色间隙"（蓝细菌）	8
（7）现代农业产生的生物体	0.8 ~ 1.3
（8）全球所有海洋和陆地光合作用	
年平均产值：170Gt 干生物物质	0.12

　　注：在海平面时最大入射光约为 $1KW/m^2$（2.5×10^{24}J/年——全球而言）

　　　　欧洲最大光合作用辐射量（400 ~ 700nm）：

　　　　$450W/m^2$ = 约 1 800μEinstein/（$m^2 \times$ sec.）

表 3 – 5　紫色细菌的产 H_2 量（最大理论值和实验值）

红色细菌（*Rhodobacter capsulatus*）
最大生长率（量）：0.38h
体内最大 ATP（生物能代号）形式量：
52mmol/h × 干物质量（g）
最大产 H_2 量：
13mmol/h × 生物体量（g）= 6 ~ 10 l/h × m^2
效率：4% ~ 7%（$450W/m^2$）
红螺菌（*Rhodospirillum rubrum*）试验值（在 $1m^2$ 光反应器内进行）：
1.8 ~ 2.0LH_2/m^3（$420W/m^2$）
效率：1.4%
最大理论值3% ~ 4%

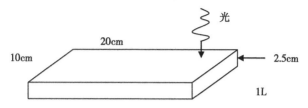

图3-3　蓝细菌的光合产 H_2 量（效率）导入固氮酶的 phormidium luridum 悬浮液

①100W/m²：中欧地区每年阳光的平均强度；70h 培养，50mg 叶绿素/mL 悬浮液：2mmol H_2/（L·h）

②增加表面积（例如管状反应器）100cm × 100cm × 2.5cm = 25L 蓝细菌悬浮液

③增加细胞密度：

3 ×悬浮液（#1）（fl 150mg ch1/mL）3 ×光（例如 parabol：c mirrors 即对称反光镜）= 产量因子 g，可获得9.9L H_2/（m³·h）

④平均阳光强度：1 000 kW·h/（m³·a）；100kW·h △ 33m³ H_2 phormidium 应当获得 H_2 量为 25L/m³，一年则可获得 9.9L H_2 ×365 ×12（白天）= 43L H_2/（m³·a）= 43/33 × 100 = 130kW·h = 13%（每年入射光能量）

当入射光强度增加3倍时，其产量便增加3% ~4%（入射光量）。

注：＊ 在开始试验时，细胞悬浮液相当于每毫升50mg 叶绿素（50mg/mL），光照为100W/m²（在平板10 × 20 × 2.5 玻璃箱内）。在2和3项中细胞悬浮液体积，细胞密度和光强度增加时，H_2 产量亦会增加。在第4项中，光能量转化成 H_2 能量值约为入射能量的4%。

＊ 在1项中列出的数值系试验值

游离氢分子（H_2）的发生系由蓝细菌和紫色细菌的固氮酶

活性来完成。氢化酶既能直接进行光合电子转移功能（例如某些绿色微藻），也能与固氮酶结合来完成。氢化酶有几种不同形式，但它们的作用尚未完全弄清。在某些条件下，氢化酶能释出氢（H_2），并从细胞中移去过量的还原剂（黑暗条件下发酵），或许，这是极为重要的过程，它在固氮酶的作用下使产生的 H_2 循环而返回电子转移系统（"吸收氢化酶"）。据此，还原活性或移去某些氢化酶将大大增加 H_2 的产量。某些变种和分离的变异种试验结果列于图3-3和图3-4。

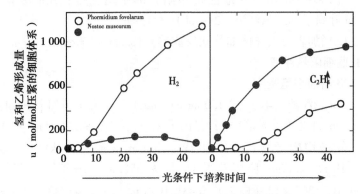

图3-4　两种不同的丝状蓝细菌品种释放氢（H_2）和
乙烯（C_2H_4）的能力（Nandi and sengupta）

* 乙烯（C_2H_4）系通过加入乙炔还原而形成，而且是固氮酶形成氨活性能力的标记。两个品种有着不同释放 H_2 的能力，其主要是由于吸收氢化酶的数量和/或活性的差异所造成（图3-5）。

固氮酶分别会由 H^+ 质子产生 H_2 或由分子氮（N_2）形成氨（NH_3）。（吸收性）氢化酶将 H_2 循环至呼吸作用或光合作用的电子转移链中。光则被利用产生化学能，即三磷酸腺苷（ATP）或高能还原剂（铁氧化还原蛋白），这两种生物化学物质均需有固氮酶的作用。还原型吡啶核苷酸（NADPH，NADH）再形成

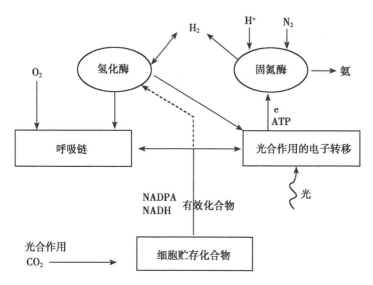

图3-5 蓝细菌的固氮酶和氢化酶与光合电子转移系统相互作用的结果

内源贮存化合物（糖原）。这就为固氮酶提供了电子。在蓝细菌中，糖原系由光合作用固定 CO_2 而形成，而在紫色细菌中，由培养基形成了（还原）有机化合物。在一些单细蓝绿藻中，氢化酶亦能释出 H_2。在蓝细菌细胞中，因呼吸作用确保固氮酶活性而使氧的分压低。

2. 与光驱动产 H_2 相关的蓝细菌的特性

Author 选用了优良蓝细菌品种作为生物光解细胞催化剂，其理由如下。

——它们具有利用现代水分解的光合作用能力，虽然这是一种古老的植物性生物，因此，水便成为初始的 H_2 源；

——它们含有附加色素（蓝色和红色藻青蛋白）其能在弱光下发生代谢作用。因此，自它们生存和发展开始，其便具有狭窄的"绿色间隙"，所以它们除部分吸收蓝光和红光光谱外，还能吸收阳光中的部分绿光（green light）。这样，它们的光合作用效率便得到了增强。在管形反应器中，可以保持着高密度细胞的培养；

——许多蓝细菌品种能适应较高的温度；

——固氮酶反应系统（固氮酶/氢化酶）能用于催化作用而产生 H_2。在一些绿藻如 scendeesmus 中，氢化酶可以被导入，并经由光合作用 I 而产生 H_2。这种氢化酶与固氮酶相比，其具有极高的不稳定氧（oxygen-labile），即易释放的 O_2；

——与光生物过程相结合的反应只能在蓝细菌和紫色细菌中发生；

——某些蓝细菌通过光合作用形成的内源贮存化合物在黑暗条件下也能产生 H_2；

——由于它们是原核生物组织，所以进行基因工程的研究有许多优点。但是，固氮酶/氢化酶复杂系统的详细基因知识仍然不足。

3. 研究和发展

生物催化系统是稳定的、有效的，而且可以进行一些变动。细胞含有补偿机理以对应光系统不可避免的钝化作用（Inactivation），某些酶的活性周期和色素的光氧化作用，这些都是不能进行分离的（无细胞）光合细胞膜。据此，无细胞光解系统在目前尚不稳定。维持设备应当一体化，并预计到可能发生的问题和加以解决的办法。此种设备应当包括氧化还原蛋白和色素的重新合成以及有关生物化学多级反应途径，但就目前而言，对这些过程尚未充分理解。为了达到实际应用的目标，即为生产活性生物体，细胞法（Cellular approach）显然是有希望的，它具有稳定和高产的特征。但是系统的研究尚未进行。因此只有在外部因子的影响下，且对生物化学和分子遗传学有了进一步认识后，细胞生物光解和产 H_2 系统就能适宜地发展了。

未来合作研究和发展的重要课题有：

——关于在实验室（试管）发酵器和试验工厂中，就产 H_2 培养技术和稳定性的研究：矿质营养、光、温度、氧的影响，以及固定技术的改进研究；

——氧对固氮酶的不同影响以及通过控制发酵活性对固氮的调控和保护。因此，为了可能改善细胞酶活性，就应对这些生物化学机理有充分的了解；

——通过分子遗传学来引入"可变"固氮酶，从而改进产 H_2 能力。这些酶均含有铁和钒，而不是钼，而且其显示了较高的产 H_2 能力；

——从自然生境中选育产 H_2 新种，并加以改良，单细胞和丝状形态二者都具有改善产 H_2 的能力。就丝状变种而言，在杂色细胞（heterocysts）即专性细胞中，固氮酶显示了较高的活性。它们与营养细胞相比，其发生频率显著增长；

——关于缺乏氢化酶变种的吸收能力的研究。这种形态的变种表现了高活性的产 H_2 能力，这是因为 H_2 不能参与再循环；

——关于光合电子转移系统和水分解过程的研究。这种电子电学转移是一种限速过程，它可能被忽略。在光强度大时，许多能量会消耗浪费，因为自然界不会进化发展成最大产量的光合作用过程。

四、生物氢生产的相关因子

有机质在厌气条件下由微生物降解或发酵而产生气体。厌气微生物分解最终会产生生物气。这些气体有甲烷（50% ~ 70%），二氧化碳（25% ~45%），少量氢、氮和硫化氢。

微生物分解有机质的生物化学反应如下：

$$有机质 \xrightarrow{\text{厌气微生物}} CH_4 + CO_2 + H_2 + N_2 + H_2S$$

当利用不同微生物时，其产出物有所不同。现已能很好的产出甲烷（CH_4），但为了加强产氢，以确保能量大，污染少（不产生 CO_2），所以要选用产氢微生物。其中主要有细菌，蓝细菌（蓝细藻）和光合细菌（如前面所选择的菌种）。

1. 发酵基质（配料）

碳水化合物（利用农作物残体和牛羊粪等），其比例为70%；含氮化合物，食品加工废料，动物加工厂废料等约20%；其他原料如少量的水稻土（5%），蓝藻菌体（1% ~ 2%）矿物质（1% ~ 2%）。

2. 控制条件

（1）菌种的配合和互相调节

第一阶段：利用兼性微生物产生碳水化合物，脂肪和蛋白质，并使培养基成为酸性。

（2）酸碱性（pH）

酸碱性（pH 值）的控制对产生氢的影响极大，在碱性条件下，产生的氢很少，但在酸性条件下，则能大大提高产氢量（表 3 –6）。

表 3 –6　pH 值对厌气代谢最终产物的影响

（mmol/100mmol 发酵的葡萄糖）

产物（代谢物）	（pH 值）6.2	（pH 值）7.8
2.3 丁二醇	0.3	0.26
3 羟基丁酮	0.06	0.19
甘油	1.42	0.32
乙醇	49.8	50.5
甲酸	2.43	86.0
乙酸	36.5	38.7
乳酸	79.5	70.0
琥珀酸（丁二酸）	10.7	14.8
CO_2	8.0	1.75
H_2	75.0	0.26

3. 发酵温度

微生物发酵的温度范围为 0～60℃（图3-6）。但最佳产气温度可选择在 30℃ 左右。

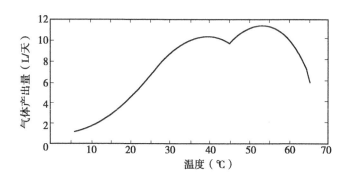

图3-6 温度对产气的影响

4. 水分和基质物理特性（略）

5. 产氢效率（表3-7至表3-9）

表3-7 光合微生物的产 H₂ 系统

系统	状态	关键性要素
单一系统（O₂ & H₂）		
1 绿藻（氢化酶）；光驱动	L	O₂ 的清除
2 蓝细菌（固氮酶）；限制氮	O	Ar 的喷射
双系统（O₂/H₂）		
3 藻类（氢化酶）；日夜循环	L	产 H₂ 量小
4 蓝细菌（固氮酶）；暂时性	L	同步作用
5 光合细菌（固氮酶）	O	基质中有氮化物
6 藻-细菌（氢化酶和固氮酶）	O	由基质供应细菌

注：L 和 O 分别代表实验室和室外工作室

表 3-8 蓝细菌生物光解过程中光能转化为氢能的效率

蓝细菌/光生物反应器	光源	光能转化率（%）	时间（天）
Anabaenacylindrica			
1 升量圆柱体	荧光	3.0（最大） 2.5（平均）	15
1 升量圆柱体	阳光	0.6（最大） 0.2（平均）	30
Mastigocladus laminosus			
1.7 升量圆柱体	荧光	2.7（最大）	
1 升量圆柱体	阳光	0.17（平均）	24

表 3-9 紫色细菌的产 H_2 量（最大理论值和实验值）

红色细菌（*Rhodobacter capsulatus*）
最大生长率（量）：0.38h
体内最大 ATP（生物能代号）形式量：
52mmol/h × 干物质量（g）
最大产 H_2 量：
13mmol/h × 生物体量（g）＝6~10L/h × m²
效率：4%~7%（450W/m²）
红螺菌（*Rhodospirillum rubrum*）试验值（在 1m² 光反应器内进行）：
1.8~2.0LH_2/m³（420W/m²）
效率：1.4%
最大理论值 3%~4%

五、结语和建议

虽然俘获太阳能需要较大面积而经常遭到批评，但生产生物 H_2 显然将是最有希望的生物技术，它将可用于生产生物燃料和化学品，且两者都有益于环境。目前，因微生物技术仍然发展缓慢，所以积极的开展选育高效菌株来将太阳能转化为 H_2 能的课题应当受到重视，同时为促进和发展藻类的光合作用，并将光合作用产物转化为 H_2，这就需要研制出高效的光生物反应器。

栅列藻和单衣藻（*Scenedesmus* 和 *Chlamydomonas*）两个品种显示了非常高的产 H_2 效率。但是，其将在目前条件还仅是未来生产 H_2 系统的可能目标或重要课题。现时的研究是在低光强度和 H_2/O_2 都在分压较低时，以及在保护性措施下短期进行的。长期的研究则需要持续获得高效率的 H_2，并在室外强光下进行。因此，除采用常规的诱变育种和筛选技术外，还需要新的革命性的基因工程技术来真正有效地育出藻类或细菌的新变种。

防治污染物的产生，并将其转化为有用的物质，那就需要设计和研究一种多功能的系统装置，这将是改进和发展高效转化为 H_2 的战略性计划。我们建议，结合生产 H_2 的同时，还应降低 CO_2 和 NO_x 含量。但是，现在的技术尚不成熟。所以需要扩大研究领域，加强分子生物学、生理学、生态学和生物工程的基础研究，以支持生物能源，特别是生物 H_2 的研发工作。因此，在生产生物 H_2 和非生物 H_2 的价格（经济效益）尚未作出精确比较之前，最后的结论则难以下定，但发展是必然的，前景是乐观的。

第四章 微生物氢的生产和应用

导 言

嫌气、兼性嫌气和好气微生物、甲基营养生物（melhylotrophs）以及光合细菌都可能产生氢。嫌气梭菌（*clostridia*）是氢的有力生产者，而且能固定 C。丁酸菌（*butyricum*）的产氢效率为50%（2mol H_2/mol 葡萄糖）。固定的大肠埃希氏杆菌（*Escherichia coli*）从甲酸盐和葡萄糖中生产氢的效率分别为100%和60%。肠杆菌在培养过程中能以同样的效率从不同的单糖产生 H_2。在甲基营养生物中，甲烷细菌（*methanogenes*）、瘤胃细菌（*rumen* bacteria）和嗜热细菌（*thermophilic archae*）、瘤胃球菌（*Ruminococcus albus*）是有希望的菌种（2.37mol H_2/mol 葡萄糖）。固定的好气地衣型芽孢杆菌（*Bacillus lichenifvrmis*）最佳的产 H_2 量为 0.7mol H_2/mol 葡萄糖。光合红螺菌（*photosynthelic Rhodospirillum rubrum*）可从乙酸、琥珀酸和苹果酸中产出的 H_2 量分别为4.7mol 和6mol。最优的产 H_2 量（6.2mol H_2/mol 葡萄糖）是由纤维单孢菌（*cellulomonas*）和红螺菌变种（*R. Capsulata*）在纤维素上共同培养而获得的。但它们都具有氢化酶。

蓝细菌（*Cycvnobacteria*），其中主要有鱼腥藻（*Anabaena*）、聚球藻（*Synechococcus*）和颤藻（*Oscillatoria* sp），它们都可用于光合产 H_2 的研究。固定的 *A. Cylindrica* 藻可连续一年产生 H_2 ［（20mL/（干重·h）］。利用 *A. Variabilis* 的 *Hup* 变种可以增加 H_2 产出量。聚球藻在发酵罐中和户外培养会产出更多的 H_2。克

雷白氏杆菌（*Klebseilla* sp）和利用酶学方法能同时产出含氧化合物和 H_2。H_2 生物工程的前途会受到矿物能源的储量和未来环境污染状况的影响。

关键词：氢的生产，兼性厌氧生物，梭菌（*Clostridum* sp），鱼腥藻（*anabaena* sp），蓝细菌（*Cyanobaterium*），固氮作用，电子供体，超高温菌（hyper *Fhermop hilicarchaeon*），氢化酶，混合培养基，固定作用，光合氢，甲烷菌（*methanogen*），甲基营养生物（*metby lotrophs*），氢和氧化合物，户外培养，光合自养生物和异养生物。

100 年前，人们就知道细菌能产生氢（H_2）。但是，微生物产 H_2 的发展过程并未像微生物 H_2 代谢广泛进行的基础研究那样受到重视。由于矿物燃料大量的燃烧及其造成全球气候变暖等原因，科学家不断的建议：由于 H_2 燃烧仅产生水，所以应当大力用 H_2 作为安全燃料。同时科学家亦不时地对微生物产 H_2 作出研究报告和评论。最近，Beneman 根据光合和非光合细菌活动而产生 H_2 的生物技术的前景作出了高度评价。他特别推崇光合细菌而不是非光合细菌的产 H_2 发展。非光合细菌从碳水化合物基质产 H_2 的效率较低。但是，黑暗条件下的产 H_2 过程比光合过程产 H_2 要简单得多。而且，黑暗过程可以获得的大量碳水化合物为基质而产生 H_2。例如，可再利用的各种废弃物就能作为碳水化合基质。到目前为止，本文是重点陈述不同微生物产 H_2 过程的重要文献，其中特别评述了微生物产 H_2 的效率和原料的利用。

不同微生物产 H_2 过程都与其特异的能量代谢密切相关。就好气微生物而言，由基质氧化而释放出的电子会转移至氧而成为最终的氧化剂，但对厌气微生物而言，由厌气分解代谢（Catabolism）而释放出的电子能利用许多终端氧化剂，如硝酸盐、硫酸盐，或者来自碳源的碳水化合物所产生的有机化合物。H_2 的产生是除去电子的特异代谢功能之一。其是通过产 H_2 微生物中的氢化酶（hydrogenase）活性来完成的电子转移过程。

Gray 和 Gest 将所有产 H_2 微生物概括为以下 4 类。

（1）严格嫌氧异养生物，它们不含有一种细胞色素系统（acytochrome System）。这类异养生物主要有梭状芽胞杆菌、微球菌和甲烷杆菌（*Clostridia*，*Micrococi*，*methanobacteria*）等

（2）异养兼性生物，它们含有细胞色素，并能裂解（lyse）甲酸而产 H_2

（3）脱硫杆菌（*Desulfovibrio desulfuricans*）。在该类微生物中是唯一的严格厌气细菌，但其是有一种细胞色素系统的细菌。

（4）光合细菌，其是有从还原 NADH 发生依一光的产 H_2 过程

科学家提出，氢形成的偶合反应在第 1 类微生物中最为突出，其中电子会从产能氧化作用中除去。但是在第 2 类微生物中，上述反应过程未能得到证实。在反应过程中，形成 H_2 时所产生的电子会被终端产物甲酸的移动而除去，这样就能促进产能的氧化作用。第 3 类生物则被认为是具有这两种产 H_2 机制。

一、生物氢的产生

（一）嫌气微生物

1. 梭状芽胞杆菌（*Clostridia*）

绝对厌气细菌 *Clostridia* 是缺乏氧化磷酸化作用的一种细胞色素系统的微生物，但在发酵过程中则可通过基质水平的磷酸化作用而产生 ATP。在甘醇酸途径（glycolytic pathways）中，葡萄糖能产生 ATP 和 NADH，并伴随形成丙酮酸脂。丙酮酸脂又会产生 CoA，CO_2，并通过丙酮酸–铁氧还蛋白–氧化酶和氢化酶（HD）而产生 H_2。NADH 可用于丁酸脂（butyrate）的形成，其

是通过乙酸 CoA 和由磷酸丁脂酶（phosphobutyrylase）和丁酸酯激酶（butyrate Kinase）伴随所产生的 ATP 反应而形成的。乙酸 CoA 也能通过乙酸激酶而产生 ATP，同时 NADH 也会被氧化而产生 H_2，但由铁氧还蛋白酶、铁氧还蛋白和 HD 而完成的。这种分解代谢途径可能是化学计量学（Stoichimetry）。

葡萄糖——>$2H_2$ + 丁酸酯 + $2CO_2$

葡萄糖 + $2H_2O$——>$4H_2$ + 乙酸酯 + $2CO_2$

由葡萄糖有效的产生 H_2 系受发酵过程中产生的丁酸脂/乙酸酯比率的制约。

早在 20 世纪 60 年代，Magna 公司曾报道过在一个 10L 发酵罐中，利用 *C. butyricum* 和 *C. welchii* 菌种发酵产 H_2。Karube 等将完整 *C. butyricum* IFO3847 细胞固定于聚酸胺（Polyacrylamideogel）中，其产 H_2 量为 0.63mol H_2/mol 萄萄糖（经 24 小时）。但是，由于有机酸的积累，产 H_2 量会自发的下降。Brosseau 和 Zajic 报道过 *C. pasteurianum* 在固定培养基上于 14dm^3 反应器中培养过程中的产 H_2 率为 1.5mol H_2/mol 葡萄糖。一种新分离的 *C. beijerincki* AM21B 菌种在生长培养过程中的产 H_2 率为 1.8 ~ 2.0mol/葡萄糖。细菌不仅能在葡萄糖培养过程中产 H_2。而且也会从淀粉培养过程中产 H_2。但是，不会成功的持续产出 H_2，而且产 H_2 量在培养基中碳水化合物耗尽前就会下降。但是，有些品种能广泛地利用多种碳水化合物，如阿拉伯糖、纤维二糖、果糖、乳糖、半乳糖，蔗糖和木糖。这些基质经 24 小时培养后的产 H_2 量为 15.7 ~ 19.0mol/g 基质。另一分离出的 *Clostridium* 菌种，它在木糖和阿拉伯糖上培养时的产 H_2 率为 11.7mmol/g。它的产 H_2 率（13.70 ~ 14.55mmol/g）大于葡萄糖。这些研究结果表明，生物氢可能由丰富的植物纤维培养而得。Taguchi 等研究过用 *Clostridiun* 菌种在衣阿维塞尔（Avicel），非纤维状的天然纤维素（Avicel）和木聚糖（Xylan）的酶水解

物上培养而产 H_2 的可能性。在纯木糖、葡萄糖以及阿维塞尔和木聚糖的酶水解物上进行培养时的产 H_2 量分别为 16.1mmol/g，14.6mmol/g，19.6mmol/g 和 18.6mmol/g 纯培养基。但是，在基质中同时存在的粗木糖酶和木聚糖会造成木酮糖产 H_2 量的下降，即产 H_2 为 9.6mmol/g 木糖。Taguchi 等还用纤维素水解物的双相连续系统研究了 H_2 的发生。系统的研究是用 10% 聚乙二醇 $-50\ 000$ 和 5% 葡聚糖 $-40\ 000$ 进行双相培养 100 小时的产 H_2 量。与葡萄糖产 H_2 量为 1.78mmol/h 相比，阿维塞尔水解物的产 H_2 量可达 4.10mmol/h。产 H_2 量（mol/mol 葡萄糖）的化学计量法表明，阿维塞尔水解物的产 H_2 量与葡萄糖的产 H_2 量 2.14mol/mol 葡萄糖相比，阿维塞尔水解物的产 H_2 量为 4.46mol/mol 水解物。为了缩小产 H_2 过程中纤维素制剂的成本，因此，研究和分离了新的纤维水解物产 H_2 细菌。但是，在用 3%（w/v）木糖和葡萄糖进行连续发酵时，最大的产 H_2 量分别为 21.03mmol/（h·L）和 20.40mmol/（h·L），而每摩尔葡萄糖和木糖形成的 H_2 量则分别为 2.6mol 和 2.36mol。Taguchi 等也分离出另一种 *Clostidium* Sp X53 新种。它在木聚糖培养基上培养时既能产生木聚糖酶，又能产生 H_2。最佳木聚糖酶的产出量是在 40℃ 培养 8 小时后，其值为 1 252μ/mL，最大产 H_2 量则为 240mL/（L·h）。但是，H_2 的产出率为 23%，其值比在木聚糖中等量存在的木糖所获得产 H_2 率要低。

Rohrback 等试探性研究了利用产 H_2 *Clostridium butyicum* 以葡萄糖为培养基时的生物化学燃料电池（bichemical fuel cell）的生产。Suzuki 等将 *C. butyricum* 固定于 2%（w/v）琼脂中来研究酒精生产厂排出的废水发酵的产 H_2 技术。试验研究连续进行了 24 天。其获得的电量为 15mA。随后，有些研究又改善了这种产 H_2 系统，他们利用了一个由连续搅拌反应器组成的产 H_2 系统。连续搅拌反应器含有固定的 *C. butyricum* 细胞，并装有两种气体氢－氧燃料电池。酒精生产厂排出废水，其可用糖蜜（molasses）作为原料，而应用于产 H_2 系统。研究时用 1kg 固定的全部细胞，其是在一个 51L 容量的发酵罐中产生的数量。用 BOD 值为 1 500mg/kg 的废水发酵时，最佳产 H_2 量为 7mL/min。用较高速搅拌反应器发酵虽然能将产 H_2 量提高到 10mL/min，但高速搅拌会明显地将胶（琼脂）粉碎。基质 BOD 会随时间延长而下降，因此，为避免产量 H_2 也随之下降，那就应当不断地加入浓缩废水。由于 pH 值随时间而下降，所以产 H_2 量亦会下降。在研究过程中经 20 天的发酵后。废水应每间隔 2 小时更换一次。在废水中，原有 63% 的糖（葡萄糖和蔗糖）会转化成 H_2，其中理想的产 H_2 量为 2mol H_2/mol 葡萄糖。

2. 甲基营养生物（Methylotrophs）

早在 1979 年，Egorov 等首次分离出了依－NAD 甲酸脱氢酶（Formate dehydrogenase）（FDH），它是从甲基营养细菌（methylotrophic bacterium）分离而得。Egorov 等也指出，由有机燃料重新发生 NADH 或发展产 H_2 系统是有很大的可能性。后来，Kawamnra 等研究了能利用 CH_4 的细菌，即 Methylomonas albus BG8 和 Methylosinus trichosporium OB3b，其在嫌气条件下的产 H_2 能力。他们测定了各种有机质，如甲烷、甲醇、甲醛、甲酸和丙酮酸等的产 H_2 量。在这类基质中，甲酸是在嫌气条件下产 H_2 的最适基质。M. albus 和 M. trichosporium 在经过 5 小时培养后，它们产出的 H_2 量分别为 2.45μmol H_2/μmol 和 0.61μmol H_2/μmol 甲酸。产 H_2 系统还包括了依－NAD 的 FDH 和 HD，它们都是菌种的结构化合物和酶的组合。有些科学家也研究了其他能利用甲醇的细菌的产 H_2 能力，即 Psedomonas AMI 的产 H_2 能力，但是，其与早期报道的其他产 H_2 细菌（Psedomonas Methylica）的产 H_2 能力并不相似。

3. 甲烷细菌（Methanogenic Bacteria）

氢化酶的存在虽然是这类微生物的特性，但甲烷菌常能氧化 H_2 作为产生 CH_4 和 CO_2 还原同化成细胞碳的唯一能源。Zehnder 等分离出了一种甲烷菌，它能溶解甲酸。该菌种初步被认定为 *Methanobacterium Soehngenii*，它能在矿质盐和乙酸作为基质的培养基上生长。这种细菌除能从乙酸的甲基产生 CH_4 外，其还能分解甲酸，而且在细胞提取液中还发现有 NADP 和 HD 活性。Huser 等后来将这种细菌鉴定为 *Methanatrix Soehngenii* 菌种。该菌不能利用甲酸作为一种碳源，但其能将甲酸分解为等分子量的 H_2 和 CO_2。但是，关于该菌的产 H_2 能力并未进一步进行研究。Bott 等报道，在有特别能抑制 CH_4 形成的乙烷（bromoethane）－亚砜（*Sulfonate*）存在时，计算为了该菌的产 H_2 和产 CO_2 的能力。计算是采用 *Methamosarcina barkeri* 菌种产出 CO_2 和 H_2O 的化学剂计量数值来完成的。

4. 瘤胃细菌（Rumen bacteria）

Ruminococcus albus，一种嫌气瘤胃细菌，它具有水解纤维的能力，即是已知的能力以碳水化合物为基质而产出乙酸、乙醇、甲醇、H_2 和 CO_2 的细菌。Miller 和 Wolim 估计了 *R. albus* 细胞用葡萄糖培养过程中的发酵产物。在用基质中积累的乙酸、乙醇和甲酸发酵时的产 H_2 量为 59mmol/100mol 葡萄糖。丙酮酸可用洗脱细胞（Washed Cell）来进行转化，它转化为 H_2 的数量 ~0.8mol/mol，但是，不会被细菌溶解为 H_2 和 CO_2 的丙酮酸可以产出甲酸。科学家提出在 *E. coli* 中具有产 H_2 丙酮酸裂合酶，它的功能与 *R. albus* 相似。Innotti 等报道，*R. albus* 在连续培养过程中会有葡萄糖产出 H_2。在 *R. albus* 生长过程中，培养所获产物量为每 100mol 葡萄糖产出 65mol 乙醇、74mol 乙酸和 237mol H_2。然而，R. albus 并未进一步研究其产 H_2 能力。

5. 古菌属（Archaea）

与分子 H_2 氧化作用或产生有关的微生物 HD 都是铁硫蛋白，而且与膜—结合电子转移系统有关的那些铁硫蛋白含有镍，它在氧化为 H_2 的过程中其具有重要的作用。没有镍的 HD 是一种可溶性酶，而且与低电位细胞色素或铁氧还蛋白有关。但是，超嗜热生物 archeon pyrococcus furiosus 则含有可溶性镍的 HD，并能由碳水化合物和肽产生 H_2。据报道，该菌种能氧化丙酮酸、醛、吲哚丙酮酸、甲醛和 2 - 酮戊二酸。与氧化还原酶有关的铁氧化蛋白被认为可参与铁氧还蛋白的氧化作用和还原作用，而且既可经由 HD，又可经由硫化氢解酶（Sulfhydrylase）产生 H_2 或 H_2S，并能发生再循环。Ma 等曾研究过丙酮酸经由 P. furaosus 的纯化酶而产生 H_2 的过程。他们指出，由丙酮酸产 H_2 过程还包括了丙酮酸 - 铁氧还蛋白氧化还原酶的参与，随后，电子从还原铁氧还蛋白转移至 NADP。酶铁氧还蛋白：NADP 氧化还原酶（硫化物脱氢酶）也能由 NADPH 作为电子供体而将元素硫还原。NADPH 产 H_2 是由 HD 催化的。HD 也是一种硫还原酶或硫化氢解酶。P. furiosus 的产 H_2 系统与那些其他细菌的产 H_2 系统相比较则有所不同。据报道，这种生物在 100℃ 时生长最佳，并能由碳水化合物或肽而产生有机酸，CO_2 和 H_2，但对这种生物产 H_2 效率并未作出评估。

（二）兼性厌气微生物

1. 大肠埃希菌（Escherichia Coli）

E. coli 能将甲酸嫌气分解而产生 H_2 和 CO_2。具有催化活性的 "甲酸氢化酶"（FHL）在 E. coli 中是一种诱导酶，而且洗脱细胞是悬浮液能在嫌气条件下分解甲酸，并产生等分子量的 H_2 和 CO_2。然而，O_2 或甲基蓝（methylene blue）的存在能引发甲酸的分解，但无 H_2 的释放。通气对诱导作用会产生一种抑制效应，但对 FHL 系统的催化活性则无抑制作用。后来的研究指出，FHL 系统是一种膜—结合的多酶系统，其由一个 FDH 和一个 HD 组成，而且与未被证实的电子载体有关，与产 H_2 有关的 FDH 对一种电子染料苯甲酰基（benzyl viologen）（BV）具有活性，但不像其他 FDH 那样能还原甲基蓝（MB）。FDH（BV）能催化不产能的反应，并受到 O_2，NO_3 和 MB 的抑制。甲酸能被 FDH（MB）所氧化，但不产生 H_2，而且其与不同的嫌气还原酶系统有关（$NO_3^-\rightarrow NO_2^-$ 和延胡索酸→琥珀酸），氧化所产生的可能是 ATP。Klibanov 等建议在被 FHL 系统催化的可逆反应中应用 FHL 系统（$HCOO^- + H_2O < = > H_2 + H_2 + HCO_3^-$）来说明由甲酸形成 H_2 以及 H_2 作为甲酸的转化过程。在 $E. coli$ 固定的 FHL 系统和甲酸转化为 H_2 和 CO_2 的持续化学计量方法已由 Nandi 等作出了报告。他们指出，由 1.15 M 甲酸产生 H_2 的循环时间为 96 小时，同时，每一循环则会损失 25% 的产 H_2 率。反应系统需要有少量的葡萄糖存在。固定的细胞亦能由 H_2 和 CO_2 混合物合成甲酸（224mg/g 湿细胞）。在早期的研究中，Peck 和 Gest 指出，$E. coli$ 无细胞溶解物（Cell – free lysate）中具有 FHL 活性。这种活性需要将碳水化合物或碳水化合物代谢产生的 C_2 化合物加入系统而使 FHL 活化才能发生。Nandi 等指出，甲酸的持续溶解需要将 $E. coli$ 中存在的其他嫌气还原酶破坏。他们建议，电子转移载体的氧化还原会以 FDH 和 HD 而存在，而且它在嫌气还原酶系统中的存在会重叠地发生（延胡索酸→琥珀酸，四硫代磺酸脂（Tetrathionate）→硫代硫酸脂），从而能导致从 FHL 系统向还原酶转移的电子流的损失。对还原酶系统而言，作为末端还原产物的琥珀酸或硫代硫酸盐的存在也能阻止电子流的损失，并促进甲酸的化学计量或持续的分解。Stickland 报道过，洗脱 $E. coli$ 细胞将碳水化合物分解后的产 H_2 能力。葡萄糖、果糖和甘露糖的嫌气分解作用类似于甲酸，而乳糖、半乳糖、阿拉伯糖、甘油和甘露糖醇的产 H_2 量较低。但是，他们也指出，由葡萄糖产 H_2 并不通过作为中间产物的甲酸。然而，Ordal 和 Halvorson 用正常和变异的 *E. coli* 菌种来比较糖和甲酸的产 H_2 能力。研究结果表明，葡萄糖产 H_2 显然来自甲酸，因为甲酸是细菌产 H_2 过程中的一种中间产物。Blackwood 等也曾作过报道，各种有色素和无色素的 *E. coli* 变种将葡萄糖转化为 H_2 的数量是 0.72 ~ 0.91mol/mol。*E. coli* 通过甲酸的生长细胞将碳水化合物的嫌气产 H_2 率通常较低，因为甲酸不是葡萄糖唯一的终端产物。关于碳平衡的研究表明，100mmol 葡萄糖被 *E. coli* 分解后会产出 90mmol 乙醇和乙酸，90mmol H_2 和甲酸，以及 15mmol CO_2 和琥珀酸。同时，科学家亦发现，电子受体缺乏任何电子受体，如硝酸盐或延胡索硝酸时，通过葡萄糖两个阶段的代谢过程也会产生丙酮酸。

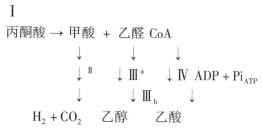

I = 丙酮酸甲酸裂合酶

II = FDH（BV）→ X_1—X_2
　　→氢化酶（FHL）

III_a = 醛：NAD 氧化还原酶

III_b = 乙醇：NAD 氧化还原酶

IV = ATP：乙酸光转移酶（phototransferase）

现已发现，利用固定的具有 FHL 活性的 *E. coli* 完整细胞，其可使葡萄糖可能达到 1.2 个化学计量单位。

2. 肠杆菌 (*Enterobacter*)

Tanisho 等分离了一种 *Enterobacter aerogenes* 菌株，它能在含葡萄糖、胨和盐的基质上于 38 ~ 40℃ 生长，并产出 H_2。它的最高 H_2 量为 0.20 ~ 0.21LH_2/（h·L）基质。后来该菌种被定命为 *E. aerogenes*，它们经过 23 小时培养后的最适产 H_2 量为 0.52LH_2/（h·L）。产 H_2 的化学计量为 mol/mol 葡萄糖。科学家用该菌种研究了 pH 值的影响和生物产率与产 H_2 的关系。由于用葡萄糖作为碳原，所以最高产 H_2 率在 38℃ 时每小时可达 13mmol H_2/g 干重细胞。yokoi 等曾报道过一 *Enterobacter aerogenes* 菌种能在酸性（pH 值 3.3 ~ 4.0）条件下生长。该菌能利用葡萄糖、半乳糖、果糖和甘露糖产出 H_2，并以 mol/mol 表示转化率。该菌种能利用糊精来产 H_2，其转化率相类似。同时还研究了连续培养 26 天一个周期的产 H_2 量。研究结果表明，葡萄糖的 H_2 转化率为 0.8mol H_2/mol 葡萄糖，而该菌培养时的产 H_2 量为 120mL/（h·L）培养基。在后续培养时，H_2 的产量会下降，其原因是积累的有机酸，如乙酸、琥珀酸和乳酸等能抑制细菌的活性。

(三) 好气微生物

1. 产碱杆菌 (Alcaligenes)

好气 H_2 细菌能利用 H_2 和 CO_2 分别作为其能源和碳原。这类微生物含有一种可溶性 NAD – 还原的 HD，而且也是一种异养生物（heterotrophicall），Kuhn 等指出，当 Alcaligenes eutrophus 处于嫌气条件下时，它也能在葡糖酸或果糖上进行异养生长，并利用有机基质还原的 HD，当其在嫌气条件下生长时，它能将 NAD 直接还原为 H_2，而且能将 H_2 形态的过量还原剂排出。有机基质分解代谢产生的电子并不能进入呼吸链。Klibanov 等将 *A. Aeutrphus* 细胞固定于 Kappa-Carrageman 中，并研究了它发生的可逆反应。

$$HCOOH <=> H_2 + CO_2$$

在甲酸分解过程中，较高的甲酸浓度（>0.5M）能抑制 H_2 的产生。虽然固定细胞有良好的贮藏能力，但固定细胞对甲酸的持续分解并未得到证实。

2. 芽孢杆菌（Bacillus）

Kalia 等已分离出了一种产氢的地衣型芽孢杆菌（*Bacillus licheniformis*）。他们是由牛粪中的产 H_2 细菌混合培养而得。在批次培养中，*B. licheniformis* 在 24 小时内由 3%（w/v）葡萄糖培养基产生的 H_2 为 13L H_2/mol 葡萄糖。这些微生物细胞都被固定于砖屑和藻酸钙球珠中。藻酸钙球珠中固定细胞的产 H_2 量为 16L/（mol·d），而砖屑中的细胞产 H_2 量为 31L/（mol·d）。在连续培养系统中，固定的细胞可稳定 60 天以上，产 H_2 的平均转化率为 1.5mol H_2/mol 葡萄糖。

（四）光合细菌

光合细菌可来自各种有机源和无机源的还原剂将 CO_2 还原。在光合细菌中，紫色硫细菌（*Thiocaps* 和 *Chromatinum*）是绝对嫌气的自养生物（Autotrophs），它们能利用 H_2、H_2S 和元素硫，而非硫 *Rhodospirillum* 和 *Rhodopseudomonas* 则不能利用硫，而且其能在缺乏光时于有机基质上行好气生长。*Rhodospirillum rubrum* 能产生 H_2。这种光合细菌已被 Gest 及其同事作了广泛的研究。在含有限量铵盐的一种基质中，当铵盐耗竭后便开始产生 H_2，而且产生的 H_2 与有机物质的光代谢作用有关，但细菌的生长明显减缓。然而，有效的产 H_2 过程会在缺乏谷氨酸作为氢源的条件下发生。在缺乏谷氨酸时生长的洗脱细胞能在光照条件下发生 Krebs 循环酸而产生 H_2。*R. rubrum* 的休眠细胞会从下列化合物产生一定量的 H_2；乙酸产 $H_2$4mol，琥珀酸产 H_2 7mol，延胡索酸

产 $H_2$6mol，苹果酸产 $H_2$6mol。由于缺乏高活性嫌气柠檬酸循环与光反应的偶合作用，而光合反应能有效地将柠檬酸循环时产生的还原态 NAD^+氧化，所以这一反应在化学计量上有可能产 H_2。但是，所有光合细菌都能利用 H_2 作为 CO_2 固定的还原剂，而且能固定分子氢。后来，人们才认识到固氮酶对氢的还原作用和依－ATP 产 H_2 具有一种双重活性。因此，科学家提出，当细胞产生过量的 ATP，而且细胞的还原能力大大超过需求，同时，又缺乏有效碳源（Krebs 循环酸）和像谷氨酸/天门冬氨酸那样的还原氮源时，其便会产生 H_2。光合细菌中存在 HD 时，它会利用 H_2 作为 CO_2 固定的一种还原剂，因此，存在的 HD 明显地不同于固氮酶。HD 和固氮酶之间的关系十分复杂。所以，有人提出了这两种酶在基因上与 *Rhodopseudomonas Capsulata* 有密切关系。但是，人们又发现，*Rhodopseudomonas Capsulata* 的 HD 是结构性化合物。有几种 *Rhodospirillaceae* 品种，它能在黑暗条件下于葡萄糖，有机酸，其中包括能产 H_2 和 CO_2 的甲酸上生长，因此，这也表明了非固氮酶－中介基质的产 H_2 过程。后来，有些科学工作者指出，在黑暗中生长的非硫细菌具有丙酮酸，甲酸裂合酶和 FHL 活性，而且其与 *E. coli* 的这些酶的活性相类似。现在，还不清楚参与氧化作用和产 H_2 的 HD 异构酶是否在 *E. coli* 中存在。*Rhodobacter Capsutata*，*Thiocapsa rreseopersicina*，以及 *Rhodospirillum rubrum* 吸收 H_2 的膜结合 HD 都是 Ni－Fe－HD，它与 *E. coli* 吸收 H_2 的 HD 相类似。现已知道，*R. rubram* 含有由 CO_2，CO_2/H_2，丙酮酸所诱导的几种 HD。同时还含有在固氮条件下诱导的 HD。CO_2 诱导的 HD 被鉴定为与 *E. coli* 异构酶 3 非常相似的一种 Ni－Fe HD。Gest and Kamen 曾报道，*R. rubrum* 能在用谷氨酸或天门冬氨酸代替由苹果酸，延胡索酸或草酰乙酸在 mol 比率上形成 H_2 时所产生的铵离子。虽然细胞并不能裂解甲酸，但是，适于甲酸的微生物能在黑暗中产生 H_2 和 CO_2。自从 Gest 和

Kamen 作出报道后的 25 年中，非硫紫色细菌的产 H_2 也未能受关注。Hillmer 和 Gest 对 *Rhodopseudomonas Capsulata* 在谷氨酸存在时的产 H_2 能力作了开创性的研究。除赖氨酸和半胱氨酸作为氮源外，各种氨基酸都能产 H_2，而且最佳产 H_2 可达 130μL/（h·mL）培养基。后来的研究表明，休眠细胞能由 C_4 酸，乳酸，丙酮酸产出 H_2，但不会由 C_3 酸产 H_2。因此，有人建议，产 H_2 过程和 CO_2 的还原作用都是由不同酶所催化而完成的。Weetall 等将 *Klebseilla Pneumoniae* 污染的 *R. rubrum* 固定。在琼脂胶中固定的细胞能由葡萄糖和纤维素水解物产生 H_2。该系统在一种反应器中连续研究 30 天，并确定其半寿期为 1 000 小时。该系统的效率以每摩尔葡萄糖产出 6mol H_2 的理论计算值的变化为 21% ~ 89%。Watanabe 等分离出了不同的 *Rhodopseudomonas gelatinus* 和 *Rhodopseudomonas Sphacrolides*，并研究了它们由谷氨酸—苹果酸基质上培养时的产 H_2 效率。研究结果表明，它们的最高产 H_2 效率为 90μL/（h·mg）细胞。

Kelly 等研究了 *Rhodopseudomonas Capsulata* 的产 H_2 能力，并指出，固氮酶在基质浓度低时会被 HD 直接发生再循环。Zurrer 和 Bachofen 报道了 *R. rubrum* 从乳酸、乳清或酸乳酪废物连续的产 H_2 为照明条件下达 80 天一个周期，但也需要周期性添加乳酸。平均产 H_2 量为 6mL/（h·g）（干细胞），其效率 67% ~ 99%，但产 H_2 量还取决于采用的基质种类。产 H_2 量在连续培养过程中还会得到改善，即可产出 H_2 量达 20mL/（h·g）细胞，其产 H_2 效率为 70% ~ 75%。

Macler 等报道，他们分离出了 *Rhodopseudomonas Sphacrolides* 的变种，其能定量地将葡萄糖转化为 H_2 和 CO_2。变种，不像野生种那样，它不会从任何葡萄糖积累葡萄糖脂。以生产周期为 60 小时进行研究，结果发现最适产出发生在 20 ~ 30 小时的生长期。

Kim 等分离出了一个 *Rhodopseudomonas* SP. 新种，它能产出较高量的 H_2（130mL/（h·mg）细胞）。Odom 和 Wall 报道，用纤维素分解菌 *cellulomonas* SP. strain ATCC21399 和 *Rhodopseudomonas Capsulata* 在纤维素基上培养后产出 H_2。他们采用了野生光养种和缺乏吸收 HD（Hup-）的光养生物变种进行了研究。研究是在嫌气和光照条件下进行的，其生长周期为 200 小时。纤维分解菌（*Cellulomonas*）和 Hup-变种共培养后能产出的 H_2 量为 4.6~6.2mol H_2/葡萄糖，其是与相同条件下用野生光合生物的产 H_2 量为 1.2~4.3mol H_2 进行比较而获得的结果。

Segers 等研究了乳酸、乙酸和丁酸通过 *Rhodopseudomonas Capsulata*，*Phodospirillum rubrum* 和 *Rhodomicrobium Vanniellii* 无污染培养（axenic Cultures）的产 H_2 和 CO_2 的过程。培养基以谷氨酸或分子氮（N_2）作为氮原。在含有 30mmol 有机酸和 7mmol 谷氨酸的基质上于光照条件下接种菌株进行培养。研究结果表明，理论转化产量以乳酸、乙酸和丁酸的有效数量产出而进行计算。同时研究结果也表明，H_2 产出量在 100~926mL H_2/（L·d）（l=培养基体积）。因此，转化率可达 23%~100%。用 N_2 气代替谷氨酸可以改善产 H_2 量，在所有的试验中，其产 H_2 量可达到 760mL/（L·d），产 H_2 率则达 100%。发酵过程连续进行 10 天，当菌株老化时，固氮酶活性随菌株 H_2 氧化活性的增加而逐渐下降，而且当气态 N_2 代替谷氨酸时下降则更为明显。

Williso 等报道了用野生种进行化学诱变而分离出了一个 *Rhodopseudomonas Capsulata Bio* 新变种，并研究了它的固氮酶间接产 H_2 效率。3 个变种都显示了理论化学计量所增加的产 H_2 能力。变种 IR4 与野生种相比较时，在以 DL-乳酸或 L-苹果酸为基质时的产 H_2 效率大于 10%~20%，以 DL-苹果酸为基质时的产 H_2 效率大于 20%~50%，当仅以 DL-苹果酸为基质时的产 H_2 效率则可达到 70%。现已发现野生种缺乏膜结合的 HD

活性。该活性可作为 MB 或 BV 依 – H_2 还原作用的量度。因此，有人提出，变种过量产 H_2 或产 CO_2 是由于改变了碳代谢而造成的。科学家亦发现，依 – NAD^+ 苹果酸脱氢酶的活性在变种中大于50%，同时发现，该变种比野生种在含 D – 苹果酸的基质中生长速率要快。Hirayama 等将 R. rubrum G – g BM 整个细胞固定于角叉菜胶（Carragcenan）或琼脂胶中，这样所有细胞都能长期地保持高度稳定状态。许多基质，其中包括不同有机酸、糖和糖醇的产 H_2 能力都用连续反应器进行了研究。同时，每60 天为一个间歇周期，并加入培养基以供微生物营养之需。研究结果发现，以丁酸为基质时的产 H_2 量最高（13.74mL/（48h · 20mg）细胞），以山梨糖醇为基质时的产 H_2 量最低（2.68mL/（48h · 20mg）细胞）。但是，研究结果表明，在几个小时内，最初的产 H_2 率最高可下降40%，然而，在后续过程中还原剂会在一定程度上稳定下来。这些情况都表明了在经过长期产 H_2 的过程中应当保持固定珠粒的结构和 pH 值。

Chadwick 和 Irgens 分离出了 Ectothiorhodopsira Vacuolata 一个新种，即能氧化还原无机硫化物和元素硫的一个紫色光养细菌。在含有一定量的 NH_4CL 的培养基中，氢能在光照条件下由乙酸、丙酮酸、丙酸、延胡索酸、草果酸和琥珀酸产生。培养后 H_2 的最佳产出量为 16mL H_2/25mL 培养基。据报道称，硫化钠的浓度和光强度对产 H_2 量有明显的影响。Wright 等报告，在 Rhodomicrobium Vanniellii 对芳香族化合物（苯甲酰乙醇、香草酸和丁香酸）的光分解代谢过程中都能产生 H_2。随后，Fibler 等研究了 Rhodopseudomonas Palustris 对不同芳香族酸的产 H_2 过程。在谷氨酸的浓度有限时（1mmol），菌种能使苯甲酸 P – 羟基苯甲酸、肉桂酸和扁桃酸（苯乙醇酸）产出 H_2。由于增加了固氮酶活性，所以产 H_2 量亦随之增加，但因 EDTA 对 hup – HD 的抑制作用而产 H_2 量也就不会增加。不同菌种对苯甲酸或扁桃酸的理论产出率为 32% ~ 45% 。R. palustris DSM131 也能被固定于琼脂、琼脂糖和 k - 角叉菜胶和藻酸钠胶中。藻酸脂的产 H_2 率为 60% ，所以，扁桃酸、苯甲酰基甲酸、肉桂酸和苯甲酸的理论产出率分别为 57% ，86% 和 88% 。T. rubrum 的产 H_2 量可通过钝化 Hup - 活性和向基质加入 0.5mmol EDTA 而增加 3 倍。Fe^{2+} 和 Fe^{3+} 因能刺激 T. rubrum 的固氮酶活性，所以，产 H_2 量便会增加。

科学家提出，多羟基丁酸（一种细胞内的贮藏化合物）的生物合成和 H_2 的光合生成都可能减少 Rhodobacter sphaeroides 的产 H_2 量。在 PHB - 阴性变种中，因乳酸的存在而使产 H_2 效率显著提高，但乙酸则是产 H_2 的良好基质。

在环形喷嘴生物反应器（a nozzle loop bioreactor）中的产 H_2 量也由 Seon 等用 R. rubrum KS - 301 菌种固定在藻酸钙中进行了研究。在连续玻璃反应器（2L）中，葡萄糖浓度变化在 0.5 ~ 5.4g/L，反应进行周期为 70 小时，葡萄糖的稀释量为 0.4mL/h。

Rhodopseudomonas Capsulata 366（荚膜红假单胞菌）和 Rhodopseudomonas sp.（D 菌株，红假单胞菌）的固定细胞利用基质的动力学还被我国科学家徐向阳和俞秀娥等作了详细的研究。在琼脂胶中固定的细胞比藻酸胶中固定的细胞产 H_2 率要高。产 H_2 过程不能同时利用基质，但可用生物化学反应予以调控。在一种用葡萄糖和乳酸供应的固定生物反应器中，用菌株 366 和 D 的产 H_2 量分别为 0.6591L/d 和 0.477L/d。当单独用乳酸培养时，H_2 气出产量可增加至 1L/d。

Jahn 等指出，Rhodobacter Capsulatus B10 的 HupL 变种不能行光自养作用，但可通过在含有限氮的基质中进行光异养生长时生成的固氮酶活性而产出 H_2。由变种的 DL - 苹果酸，D - 苹果酸和 L - 乳酸产 H_2 率在理论上大于 90% ，其是与野生种 B10 菌株产 H_2 率为 54% ~ 64% 进行比较而获得的数值。最近，Rhodobacter Capsulatus 中的另一种固氮酶对产 H_2 过程的影响亦进行了研究。研究指出，*R. capsulatus* 含有正常的 Mo 固氮酶和 Fe 固氮酶，Fe 固氮酶在极度缺乏 Mo 时才能充分表达。Krahn 等比较了 *R. capsulatus* hup－变种的 Mo－固氮酶和 Fe－固氮酶的产 H_2 效率。他们用 hup－变种的细胞悬浮液和 nif HDK（缺乏 Mo－固氮酶编码基因）的缺陷变种细胞悬浮液进行了比较。结果指出，hup－变种并不影响固氮酶的活性，但野生菌种明显地增加产 H_2 量，而且在 Δnif HDK 变种中更为突出。

（五）蓝细菌（Cyanobacteria）

蓝细菌（蓝绿藻），其是一种氧合光养细菌，它能通过像高等植物那样的光合系统 I 和 II 进行光合作用。大部分蓝细菌具有产 H_2 的固氮酶系统。但是，固氮酶系统的表达需要特定的生长条件和缺乏化合态氮源。一些蓝细菌具有形成异形细胞（heterocysts）的能力。这种异形细胞缺乏分解水的光合系统，但它能在有限 N_2 浓度条件下通过固氮酶而产生 H_2。然而，非异形蓝细胞细菌能在缺 N_2 和缺氧条件下产生 H_2。蓝细菌产 H_2 虽然被认为是固氮酶所造成，但在 *Oscillatoria Limnetica* 和 *Anabaena Cylindrica* 中已证实氢化酶参与了产 H_2 过程。在蓝细菌群落中，一种异形细胞的分解会在各种化学品，如 7－氮色氨酸 3α－氨基－1，2，4－试吡咯（tryazde）和 N'－（3，4－二氯苯）－N－2－二甲基尿素存在时会增加产 H_2 的能力。研究表明，这些化合物能抑制水的分解。光合系统释放出 H_2 和 O_2 量也会因 CO_2，C_2H_2 和 Ar 而下降。非固氮蓝细菌光合系统的产 H_2 能力与那些含有氮酶系统蓝细菌相比则比较低。在异形细胞蓝细菌如 *Anabaena* 和 *Nostoc* 中，固氮酶系统不会因营养细胞释放 O_2 而减弱，因此，这类生物也会在光照条件下出产 H_2。蓝细菌的非异形细胞菌丝体在暴露于光－暗交替条件下亦能产出 H_2。在光照条件下，细菌将 CO_2 固定为贮藏的多糖，并释放出 O_2。在无氧黑暗条件下，细菌仍形成固氮酶，而且贮藏的多糖被分解代谢而为固氮和产 H_2 提供电子。已有报道，许多蓝细菌虽然能产 H_2，但对 *Anabaena Cylindrica* 和 *Synechococcus* SP. 的产 H_2 能力则进行了广泛的研究。

早在 1974 年，Benemann 就报告过活跃生长的 *A. Cylindraca* 细胞能将 H_2O 光解为 H_2 和 O_2，而且该过程强烈地受到了 N_2 的抑制，而 CO 和 CO_2 的抑制作用则较弱。在 Ar 条件下，H_2 的产出量最高，并在 3 小时内，产出量直线上升。氮饥饿的 *A. Cylindraca* 细胞产 H_2 和产 O_2 可持续 19 天，其中最大产 H_2 量为 $32\mu L/$ （$h \cdot mg$）干细胞。加入 NH_4^+（$10^{-4} \sim 10^{-5} mol$）能增加产 H_2 的总量，但 H_2/O_2 比率则从 4:1 下降至 1.7:1。在 Ar 或空气存在时，CO（3%），CO_2（2%）和 C_2H_2（10%）V/V 对产 H_2 量的影响表明，$Ar - CO_2$ 相结合时的影响最大，随后是空气，CO，CO_2 和 C_2H_2 相结合所产生的影响。较高的细胞密度会增加产 H_2 量，并达到 $8\mu mol/$（$h \cdot 40mg$）干细胞。Smith 和 Lambert 也在户外于气相条件下用小玻璃珠培养了 *A. Cylindraca* B629。气相由 CO_2（0.2%），C_2H_2（5%），O_2（6.5%）组成，并用含有 10mmol $NaHCO_3$ 基质和 N_2（1581）条件下进行了研究。在 21 天内，总的产 H_2 量达到了 1 100mL。有些研究者也用 NH_4，O_2，CO_2 和 C_2H_2 对嫌气和好气条件下对 H_2 的形成作了试探，供试蓝细菌为 *A. Cylindraca* B629。同时，有些科学家曾报道，在空气中当 C_2H_2 浓度变化时产 H_2 量可达 200nmol/（mg·h）。同时，在研究过程中有 0.2% CO 或在 10% C_2H_2 存在时不同的 CO 浓度。试验产出的 H_2 量于 Ar 气条件下的产出量相当。在系统中，NH_4^+ 浓度达 0.5mmol 范围时，其略能促进 H_2 的产出量（在 Ar 存在的同样条件下与所观察到的抑制作用相比）。当蓝绿藻培养于 Ar 或 N_2 条件下，并供应 CO 和 C_2H_2 时，可以获得较长的培养时间（16～26 天）和获得 100 $\mu mol/mL$ 的

产 H_2 量。XianKong 等报道了在好气条件下，*Anabaena* SP. CA 和 IF 异形细胞的产 H_2 量，在空气中含有 1% CO_2 的气相中，CA 和 IF 最大产 H_2 量分别为 19μL/mg 和 260μL/mg 细胞干重。有些菌种在 3 – （3，4 – 二氯苯）– 1，1 – 二甲基尿素和光强度对产 H_2 量发生影响时，其敏感度各不相同。Benemann 等指出，在释放出 H_2 量为 40μL H_2/（h·mg）细胞干重时，经 18 天的连续培养，*A. Cylindria* 的光能转化率为 1.2%。然而，*Kumazawa* 和 *Milsui* 报道，在 N_2 作为唯一氮源时的产 H_2 量，*Oscillatoria* SP. Miami BG7 优于 *A. Cylindria* B629。这一结果可归因于依 – O_2 菌株在异形细胞 *Anabaena* 中 H_2 消耗活性大于非异形细胞 *Oscillatoria* 中存在的 H_2 消耗活性。*Oscillatoria* 放出 O_2 量较低，但有较高的呼吸率。Laczko 指出。在 *A. Cylindria* PCC 7122 光解产 H_2 过程中有固氮酶的参与。在 2 小时嫌气培养后，高光强度条件下生长的细胞能经由可逆性 HD 而产出 H_2，而在低光强度下生长的细胞则缺乏 HD 活性。在体外（试管内）培养高光强度和低光强度的生长细胞时释放出的 H_2 量没有明显的差异。这就表明，可逆的 HD 能从水光解过程中接受等量的还原产物，而且光合系统 I 和 II 都参与了产 H_2 作用。

Asada 和 Kawamura 等研究了 *Anabaena* N – 7363 菌株对 H_2 的积累过程。在一个搅拌的培养皿（14cm×6cm）中，产 H_2 量从 0.371（第 1 天）增加至最大值 0.765（第 2 天）。随后，逐渐降低至第 11 天时的 0.216μL H_2/（h·mg）细胞干重。在用 5%（v/v）供应 CO_2 的大气条件下，菌株培养于无化合态 N 的基质中进行了研究。最近，Kenetemich 等也研究了 *A. Variabilis* 菌株的产 H_2 能力。菌株光合作用的产 H_2 能力经过了几周的观察，结果发现，在加入 77mmol Tween 85 时（非离子活性剂）菌株的产 H_2 量达到了 148nmol/（h·mg）细胞干重。研究结果显示，Tween 85 具有特异效应，而并未观察到 Tween 20，Tween 60 和

Tween 80 的影响。但是，Tween 85 对光合系统或对产 H_2 量的作用并不清楚。Kumazawa 和 Asakawa 也曾研究了在细胞密度较高条件下一种海洋蓝细菌 Anabaena SP. TU 37 – 1 在密闭皿中的光合产 H_2 和产 O_2 能力。在 12 ~ 24 小时培养过程中，于 $20\mu L$ 气相条件下，器皿中的 $300\mu g$ 叶绿体的光合作用转化率为 2.4% ~ 2.2%，H_2 的积累体积为 8.4mL/器皿，试验是在大气压下进行48 小时完成的。通过间歇更换气相成分，H_2 的产出时间还会延长。MarRov 等报道，在经几个月部分真空的空心纤维光反应器中，固定的 A. Variabilis 会连续产出 H_2。现已发现，细胞固定在亲水铜铵人造纤维空心中的能力优于固定在疏水聚砜纤维空心中的能力。在实验室生物反应器中，当气相中用 CO_2 增加压力达270 ~ 300mmHg 时，产 H_2 量便为降低，而对 H_2 的吸收则增加。一个由吸收 CO_2 组成的二相系统中，H_2 的产生就比较容易。CO_2 吸收量每小时在 150 ~ 170mL/g 细胞干重时会促进 H_2 的产出，其量为每小时 20mL H_2/g 细胞干重。光生物反应器可连续运行一年。Sveshnikov 等指出，A. Variabilis ATCC29413 变种，其缺乏吸收和可逆的 HD，所以，它的产 H_2 能力比母体品种要多。在一种含有 25% N_2，2% CO_2 和 75% 空气的气相中，变种 PK84能产 $H_2$6.91mmol/H_2 μg 蛋白，该产出值比野生种的产出值高 3倍。在气相中缺乏 N_2 和 CO_2 时能改善变种和野生种二者的产 H_2量，从而显示出产 H_2 过程中有 HD 的参与。

在 1977—1988 年，弗罗里达的迈阿密大学的海洋大气科学学院对海洋光合作用微生物的产 H_2 能力进行了广泛和深入的研究。同时，他们还在户外研究了产 H_2 过程，并作出了相关报告。他们分离了许多有高生长率和高生物量产出的菌种，并证明其有长期产 H_2 能力。一般而言，Cyanobacteria 的非异形细胞菌丝体品种和单细胞好气固氮品种有较高的产 H_2 量，而且产 H_2速率大于异形细胞菌丝体品种。Oscillatoria SP. Miami BG7，一种非异形细胞菌丝体菌种，其产 H_2 量较高，且能较长时间地进行产 H_2 过程。同时该菌种还能以海水作为 H_2 供体。研究结果表明，它们的产 H_2 量可达 0.54μmol H_2/mg 态细胞干重。在二步产 H_2 过程中，于含有化合态 N 的培养基中培养的菌种能在第 1 步过程中积累糖原。第 2 步，处于 Ar 和嫌气条件，并得到光照的细胞能将糖原水解为葡萄糖，其随后继续产 H_2。试验表明，它的产 H_2 量为 1mol 葡萄糖可产出 9.5mol H_2。在半连续范围的户外培养皿（10L）中培养，而且培养皿中放以具有营养剂的海水，温度范围在 26~32℃ 范围，结果表明，它们的产出量每天为 180mg 干重/L。将细胞转移至有光照射的生物反应器（5L）中，并供给气体 Ar，这样其便能持续产 H_2。菌株产 H_2 会被低光强度所饱和，但在高光强度时也不会发生光抑制作用。

Synechococcus 菌株亦已从实验室里得到了分离，并发现 *Miami* BG 043511 是非常有希望的品种。*Synechococcus*，一种单细胞固氮蓝细菌，其以单一步骤从海水中同时产出 H_2 和 O_2。该菌种最大的产 H_2 量为 1h 1.6 μmol/mg 干重，同时会放出氧。因此，化学计量的比例为 2:1。非异形细胞菌种不会由水释放出 CO_2 和电子，它们能有效地还原 H_2 或经由内部电子供体化合物裂解释出 CO_2 而发生快速再固定作用。

非异形细胞蓝细菌在光合作用过程中的产 O_2 机制，以及在相同细胞类型中发生固 N 作用所产生不稳定的 O_2 机制，还需要经长期研究才能明确。Mitsui 等指出，在固 N 作用和光合作用同步发生的条件下，*Synechococcus* SP. 在其细胞分裂循环时还需要有不同的条件。在同步生长过程中，固氮酶在经一定时间的培养周期后并不会影响产 H_2 量，但细胞碳水化合物含量则会直接调节其产 H_2 量。具有高光产 H_2 能力的同步培养基显示了周期交替的产 H_2 和产 O_2 过程。*Synechococcus* SP. Miami BG 43511 菌株因消耗细胞糖原含量而使产 H_2 能力下降。但可加入各种有机化合物而使其恢复。碳水化合物（葡萄糖，果糖，蔗糖和麦芽糖）是优良的代用品，而丙酮酸在试验的有机酸中是唯一的电子供体。木糖，阿拉伯糖，乳糖，纤维二糖和糊精都不能作为电子供体。乙醇和甘油也能维持产 H_2。用基质 25mmol 时的最大产 H_2 量为丙酮酸 $1.11\mu mol/mg$，葡萄糖 $0.62\mu mol/mg$，麦芽糖 $0.47\mu mol/mg$，果糖 $0.37\mu mol/mg$ 和甘油 $0.39\mu mol/mg$ 细胞干重。相同菌株同步生长的光产 H_2 量在高细胞条件下也进行了测定。在一个 25mL 反应皿中，用含有 $0.2 \sim 0.3$ 叶绿素的 3mL 细胞悬浮液时，其获得了最大的产 H_2 量。在经 24 小时培养后，积累的 H_2 和 O_2 分别为 7.4mL 和 3.7mL。光合辐射活化作用的能量转化为 2.6%。气体周期（24小时）性的更换能使产 H_2 量增加至 21mL。

Cyanobacteria 虽然是绝对的光自养生物，但有些品种则能利用简单的有机化合物作为固氮酶催化产 H_2 电子供体。*Synechococcus Cedrorum* 和 *Synechococcus* SP. UU 103 菌株在有抗坏血酸、谷氨酸、苹果酸、丙酮酸、琥珀酸和蔗糖存在时，其便能产出一定量的生物体。*Synechococcus* SP. 在硫化物存在的条件下也能产出生物体。*S. Cedrorum* 在含有 0.1%（w/w）苹果酸的 10mL 基质中能产出最佳的 H_2 量（11.8mmol/mol），而 *Synechococcus* SP. 在 3mmol 硫化物条件下的产 H_2 量则为 10.3mmol/mol。同时，用固定混合培养基对 *S. Cedrorum* 和用藻胶对 *Pseudomonas fluorescence* 进行培养，以鉴定它们的产 H_2 能力。但是，用混合培养基时则发现了其对产 H_2 有抑制作用。

Aoyama 等报告指出，用 *Spirulina Platensis* NIES－46 在嫌气和黑暗条件下，并用乙醇和有机酸作基质进行了产 H_2 能力的研究。研究结果表明，菌株在无 N_2 基质中进行光自养生长了 3 天后，其积累的糖原可达干细胞重的 50%。在浓度为 1.624 mg 干重/mL 的细胞约能产出 $2\mu mol\ H_2/mg$ 细胞干重，培养菌株是用甲酸（$\sim 0.8\ \mu mol$）和乳酸（$\sim 0.1\ \mu mol$）混合培养，并在黑

暗条件下有 N_2 时进行自动发酵。

（六）氢和氧合化学品的同时产出

为改进微生物产 H_2 的经济效益，科学家试图从商业价值上研发出同时能产 H_2 和产氧合化学品的有用技术。

Vos 等报告了 18 种 *Enterobacteriaceae* 由葡萄糖和甲酸的产 H_2 效率。*Klebseilla Oxytoca* ATCC 13182 的休眠细胞会从甲酸释放出 H_2，其效率为 100%，但是，其从葡萄糖的产 H_2 量以 2mol H_2/mol 葡萄糖计算，它的产 H_2 效率仅为 5%。然而，Heyndrickx 等曾报道，产丁醇的 *C. Pasteurianum* 菌株具有较高的产 H_2 效率（74%）。因此，他们认为，甘油是产 H_2 和产其他产物有意义的基质。他们试验的菌种是 *Enterobacteriaceae* 和 *Saccharolytic Clostridia*。*C. butyricum* 除能将甘油转化为丁酸、2，3 - 丁烷 - 二醇、甲酸外，还能将其转化为丙烷 - 二醇，并产生 CO_2 和 H_2，同样，*Klebsiella Pneumoniae* 也能将甘油转化为 1.3 - 丙烷 - 二醇、乙酸、乙醇、琥珀酸、乳酸、甲酸、CO_2 和 H_2。Heyndric Rx 等用 *C. butyicum* LMG $1212t_2$ 和 1213 t_1，以及 *C. Pasteurianum* LMG 3258 菌株对甘油发酵进行了详细研究。在化学稳定培养基中，*C. butyicum* LMG $1212t_2$ 能将甘油转化 1.3 - 丙烷 - 二醇，但不产生 H_2，它的转化率为 65%。但是，在加乙酸以增加浓度时会导致形成较少的丙烷 - 二醇，而形成较多的丁酸和 H_2。*C. Pasteurianum* LMG 3258 则能使一半以上的甘油转化成 n - 丁醇，并产生较多的 H_2。在基质中存在乙酸时并不会影响终端产物产生的方式。

Solomon 等分析了 *Klebsiella Pneumoniae* DSM 2026 和 *C. butyicum* DSM 5431 菌株在甘油上进行嫌气生长过程中产 H_2 所需的材料和有效的电子平衡。电子向乙醇转移和形成 H_2 的特异速率并不是依赖于 *K. Pneumoniae* 的生长速率，但就 *C. butyicum* 而言，仅在形成 H_2 时才是独立的生长速率。

最近，Woodward 等提出了由葡萄糖同时产出分子 H_2 和葡糖酸的一种酶学方法。该法包括了葡萄糖脱氢酶（GDH）对葡萄糖的氧化作用和 NADPH 的发生过程。NADPH 可用于 HD 对 H^+ 的化学计量还原作用。GDH 和 HD 可由 *Thermoplasma acidophilla* 和 *Pyrococcus furiosus* 纯化而得。两种 *Thermophilic Archae* 菌株分别能在 59℃ 和 100℃ 进行最佳的生长。然而，Benemann 认为，葡糖酸的积累量（99%）大于需求量。

二、结论

关于微生物产 H_2 的生物化学、酶学和生产工艺已有大量而惊人的报道和评论。

一般而论，对嫌气、兼性嫌气和光合微生物已进行了较为全面的研究，同时对每一产 H_2 过程的前后变化亦作了探索。嫌气微生物与兼性嫌气微生物相比，它们的最适化学计量分别为 1:4（葡萄糖为基质）和 1:2。但后者产 H_2 过程比前者简单。蓝细菌进行的光合作用就化学计量和基质成本而言，则具有最大的潜力。但从商业化应用而言则所需产 H_2 工艺比较复杂。同时，在推进光合微生物产 H_2 的商业化进程中的每一程序也未得到充分的论证和评价。许多学者相信，微生物产 H_2 会受到特别的关注，同时也会进行广泛的研究，以使生物产 H_2 作为清洁能源而取代矿物燃料。但是，现有状况还不足以必须发展生物 H_2 来满足燃料的需求。根据现已获得许多研究结果为基础，产 H_2 的生物技术确实处于重要转折点，所以，生物 H_2 技术的发展在很大程度上取决于矿物燃料的贮藏量及其造成环境污染的程度。

最近，全世界都十分关注 H_2 能源的重要作用和在环境保护中的意义，因此，生物 H_2 生产的前景和市场十分乐观。

第五章 生物氢生物技术
的进步和展望

导 言

生物氢生产的"有光条件"和"黑暗条件"是人们应当思考的有意义的重要内容。

当不能再生的燃料能源发生"危机"后，氢更成为普遍关注的燃料能源。在 20 世纪 70 年代发生能源危机时，人们就重新审视了氢作为"未来燃料"的重要意义。许多科学家和财团，以及有关政府部门花费了许多时间和经费来研究生产氢的可能性和应用前景。当矿物燃料价格下降时，氢和其他可替代能源就不再列入各国的议事日程。然而，在 20 世纪 90 年代，人们对"温室效应"的关注又促进了氢作为燃料的构思便占了优势。氢燃料不会对全球气候变化造成直接的影响，但它能大大降低对空气的污染。由于矿物燃料价格强烈波动和矿物燃料造成了环境的污染，所以，在进入 21 世纪时氢生产的技术和经济上的效益便具有特别重要的意义。

生物技术对氢能源的生产和应用具有至关重要的作用。用低价培养基或废物进行黑暗发酵，或者用"生物光解作用"（通过光合作用将水分解成氢）是创造可再生氢生产系统的重要基础工作。这些研究结果和证据都已在科学杂志和其他著作中公开发表了。

本章对发展可再生氢能源工业和生物技术应用的可能性予以评述和进行讨论。

一、生物氢的生产

20 世纪 90 年代，矿物燃料便成为大气污染的主因，它不仅有害属于各地区人类的健康，而且也诱发了全球气候的明显变化（即气候变暖）。于是，人们又重新审视了氢的重要意义。然而，生物氢的生产也就成为各国政要们支持的重点。

19 世纪后期，科学家已知道了藻类和细菌能产生氢，并进行了一定的基础研究，但是，直到 20 世纪 70 年代，生物氢的生产才第一次受到了人们的特别关注，并考虑其实际应用的可能性。因此，美国一些科学基金委员会（NSF washington D C）召开了关于生物氢生产的专门会议。这些早期会议讨论的重点是通过光合作用生产氢的过程和机制。这些最初研究的结果表明，氢可能通过菠菜叶绿体和两种细菌蛋白的混合体在光照条件下产出氢。

细菌蛋白，即一种氢化酶，它能产生氢，而另一种细菌蛋白，即铁氧还蛋白，它能从光合作用过程中向氢化酶发射出电子（图 5–1A）。

用 Anabaena cylindrical—— 一种固氮蓝细菌（蓝绿藻）进行的试验证明，在细胞内也可以产生氢。在一定层面有望能产生光合生理学意义上的氢。20 世纪 80 年代初，当能源危机过后，就生物氢的产生进行了许多研究。20 世纪 90 年代，矿物燃料对大气造成了严重的污染，它不仅影响到局部地区人类的健康，而且还引起了全球气候的变暖，所以氢生产的重大意义和实际应用就受到了特别的关注。同时，生物氢的生产也成为各级政府支持的重点。其中德国和日本最为重视，并大量投资进行了研究。美国的重视程度则略逊一筹。

目前，研究的主要目标是通过光合系统将水分解为氢和氧，以达到氢生物技术的最终目标。这些研究如若成功，则将给人类地球上最丰富的资源——水和光有效地提供无限量氢的产生。

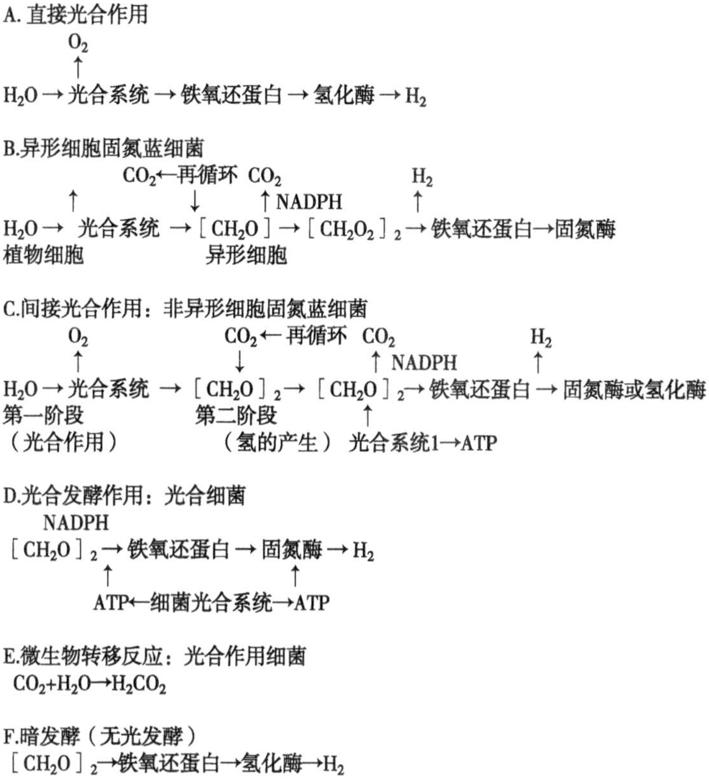

A. 直接光合作用

$$H_2O \rightarrow 光合系统 \xrightarrow{\uparrow O_2} 铁氧还蛋白 \rightarrow 氢化酶 \rightarrow H_2$$

B. 异形细胞固氮蓝细菌

$$H_2O \rightarrow 光合系统 \rightarrow [CH_2O] \rightarrow [CH_2O_2]_2 \rightarrow 铁氧还蛋白 \rightarrow 固氮酶$$

植物细胞 异形细胞

CO_2 ← 再循环 CO_2, ↑NADPH, H_2

C. 间接光合作用：非异形细胞固氮蓝细菌

$$H_2O \rightarrow 光合系统 \rightarrow [CH_2O]_2 \rightarrow [CH_2O]_2 \rightarrow 铁氧还蛋白 \rightarrow 固氮酶或氢化酶$$

第一阶段 第二阶段

（光合作用） （氢的产生） 光合系统1→ATP

O_2, CO_2 ← 再循环 CO_2, ↑NADPH, H_2

D. 光合发酵作用：光合细菌

$$[CH_2O]_2 \rightarrow 铁氧还蛋白 \rightarrow 固氮酶 \rightarrow H_2$$

NADPH

ATP ← 细菌光合系统 → ATP

E. 微生物转移反应：光合作用细菌

$$CO_2 + H_2O \rightarrow H_2CO_2$$

F. 暗发酵（无光发酵）

$$[CH_2O]_2 \rightarrow 铁氧还蛋白 \rightarrow 氢化酶 \rightarrow H_2$$

图 5 – 1 生物氢的产生过程

但是，要达到这一目标，还需要克服许多生物和工程技术的挑战。光合作用所产生的还原与最大阳光转化效率可能有着密切的关系。光的最大转化效率为10%，可有效地转移至氢化酶。现在，光合作用如高等植物，它们俘获的有效光能最大为3% ~ 4%。低价光合生物反应器的制造和应用亦是一个挑战性的问题。生物反应器能为微生物同时提供有利的环境条件，以供其从水和光以及俘获氢来催化产氢作用。

二、有光条件下的产氢过程

生物氢产生的主要挑战性难题在于这样的事实，那就是光合作用。氢的生产为一个两步互不相容的反应过程。在第一个反应过程中，水分解产生氧。在第二个反应过程中，电子还原力转移至质子，并经由氢化酶而产出氢。由于氧是氢化酶活性的一种强烈抑制剂，所以，在该系统中具有一种固有的反馈抑制作用。

为解决这种进退两难的一条新的途径就是利用藻类，它在将这种反应过程分开为两个区室进行反应，并利用 CO_2 作为两个区室之间的中间穿梭器（图 5-1B）。例如，*Anabaena cylindrica*，是一种丝状蓝细菌。它能将反应过程分区室送入营养细胞。随后，营养细胞便由水产生氧，并将 CO_2 固定。同时，当 N_2 还原作用受到阻碍时，含特异固氮酶的异形细胞就能产生氢。

另一途径则是利用非异形固氮蓝细菌，它在放出 H_2 和 O_2 的过程昼夜循环地暂时分开，或者通过空间分开为生物反应器，而不是通过两种细胞类形而分开（图 5-1C）。因此，CO_2 便在反应过程中起着一种中介作用。利用固氮细菌生产氢的主要问题是固氮酶需要高能量 ATP。因此，其会大大降低太阳能的转化效率。

由于蓝细菌和绿藻二者都能通过一种可逆的氢化酶而释放出氢，它需要的代谢能非常低，所以，其是可用于直接研究发生氢的重要途径。人们对这两种基本上不同的途径都进行了许多研究。在"直接生物光解过程中"光合作用所产生的还原剂可经由还原的铁氧还蛋白的直接转移至氢化酶（图 5-1A）。在"间接生物光解过程"中，两个反应过程都会在不同阶段分开发生，而且各个不同阶段都与 CO_2 固定和释放有关，其亦与非异形蓝细菌有着类似的特点（图 5-1C）。

直接生物光解过程能产生一些难以预料的结果。在低光强度的实验室条件下，科学家已证明，蓝绿藻（*chlamgdomonas*）能将光能转化为氢能的效率可以达 22%，其相当于 10% 的太阳能转化效率。因此，在该领域最近的研究表明，这些研究结果已突破了最大光合作用效率的禁区，并满足了两个光合系统——光合系统 I 和光和系统 II 的偶合所需的条件。试验表明，缺乏光合系统 I 的 *Chlamgdomonas* 的变种亦能发生直接生物光解过程和 CO_2 的固定反应。虽然对这种惊奇的发现仍有疑问，但通过这些变种可将光合作用效率提高，其提高程度比野生型藻类高 2 倍。

尽管生物氢发展有着诱人的前景，但其在全世界真正投入应用还有许多困难。如前所述，在发生氢的反应过程中光合作用所产生的氧能抑制产氢的氢化酶活性。实验室的试验表明，这种抑制作用可通过将产出的氧耗尽或清除而予以克服。但是，这在大规模的产生过程中则难以实现。然而，最有希望解决这一难题的方法是大力发展微藻。此外，这种直接对生物光解反应的藻类具有异形胞的蓝细菌系统需要附加的能量消耗。因此，在这类产氢过程中，全部俘获太阳能的面积需要封闭在一种光生物反应器（photobioreador）中才能完成。

另一种"间接生物光解作用"的概念是需要进一步证明其在实际中的应用。在日本，科学家研究了一个阶段反应过程，间接的生物光解系统已在一个 Osaka 发电厂进行了试验。虽然试验规模较小，而且是在产氢阶段应用了光合细菌。而不是藻类，该实验结果证明了产氢"理论标准"（"proof of principle"），并为进一步发展这种技术提供了一条有用的路径。

在该类型的间接反应过程中，其主要优点是 CO_2 的固定，在 CO_2 固定阶段，总面积 90% 以上的产氢量发生在一个开放的池塘。它的消费水平比释放出 H_2 所需的封闭的光生物反应器要便宜得多。根据许多有益假设而进行的初步经济效益分析表明，两个阶段产氢的间接生物光解作用的理论，可使产氢的价格低至每百万英国热单位（MMBTU）的 10 美元。但是，实用型的生物光解过程的发展，无论是间接反应，还是直接反应，都还需要进行长期的研究与发展（R&D）。

三、黑暗条件下的产氢过程

一种与实际生物氢产生过程相近似的方法就是在厌气产氢细菌的作用下将有机基质和废物转化为氢的过程。有关这种产氢理论是在黑暗条件下，产氢细菌仅能产生少量的氢，典型的产氢率为化学计量的 10% ~ 20%。当产氢量增加时，发酵过程就成为不利的热动力学反应。因此，这就使人们广泛地产生一种概念，那就是现时要以废物大规模进行工业生产氢还十分困难。

解决这种困难的又一条途径是利用光合细菌在光照条件下能将有机基质，其中包括许多废物在内的基质大量产生氢和二氧化碳（图 5 - 1D）。在原理上，由于大部分氢来自有机基质，所以，为完成这种氢反应，就只需要有较小的光能输入和仅需要较小的光生物反应器。因此，当测出光合效率不能满足预期目标时，生物光解反应所获得的氢量就不会很高。这就说明这些细菌的固氮酶催化释放氢的过程需高能的供应，而且在细菌完成这些反应时，较低的光强度会阻止有效地利用充足的阳光强度。

还有一个令人振奋的机遇，那就是有可能实际应用的光合细菌，它能利用其催化剂在黑暗条件下，将微生物的这种"转移反应"（shift reaction）在室温条件下完成转化过程，同时，在与化学催化剂相比较的另一通路中，完成转化过程需要高温和经由多个反应阶段。但是，有一个难点必须克服，那就是在该转化过程中使能量不受限制地经济有效地发生转移。还有一个诱人的提议，即这种转化过程可用气相生物反应器予以克服。微生物的转移反应特别适用于小规模的应用，因此，这就可以最有效地采用生物质的气化来生产氢。

另一个在经济上有潜力的途径是在黑暗条件下发酵来产生氢。

最近，已证明了这种黑暗条件下的发酵过程。在该过程中，氢是高附加值生物产品如葡萄糖酸的副产物。但是，这种模式的主要问题是需要产出大量需求的高价值产品。就生产葡萄糖酸而言，氢的产量仅占总重量和进口葡萄糖产值的 1%。在美国市场上，每年仅需葡萄糖酸的量约为 $5.00 \times 10^8 t$。这就意味着这一过程产出的氢量仅为 500t。由于这一氢量较少，所以，每年的产值小于 100 万美元。据此效益，要大量生产氢将有一定的困难。然而，这种工业生产过程还是具有很大的意义，特别当其他发酵过程也将产出氢作为副产物时。

更有希望的是可将人量低价的基质或废物转化为氢。因此，利用黑暗条件下的发酵过程，使用有机废物产出氢（图 5-1F）则具有特别重要的意义。这一过程的模型（model）是废物，动物粪便和食品加工废气物发酵产生甲烷。因此，氢的发酵亦可利用现有工业生产甲烷发酵的类似硬件设备。这样，发酵生产氢的经济效益就非常显著。发酵生产甲烷的出售价格范围为每 MMBTU 3~8 美元，而利用相同硬件设备生产的氢的出售价格可高达每 MMBTU15 美元。但这种价格还取决于生产地区、规模、纯度和其他因子。此外，废物处理的技术也将影响产出氢的成本价格，但这在大部分甲烷发酵过程中已有成熟的技术和经验。

发达国家，如德国、日本和美国都已投入大量资金来研究和开发生物氢，其中日本名列第一，德国其次。

还有一个有益的选择，那就是以两个阶段的发酵过程生产氢和甲烷的混合气体。第一步（阶段）首先生产氢和有机酸，然后，在第二步（阶段）的发酵过程中将有机酸转化为甲烷。这种混合气体的卖点是氢-甲烷混合体，其在用于内燃机时可大大降低对空气的污染（与应用纯甲烷作燃料相比）。

黑暗条件下氢发酵研究和开发的最终目标及挑战是成功地产出大量氢。目前，已报道的产氢率为 10%~20%。因此，在产氢率未达到 60%~80% 标准以前，生物氢的生产还难以持续。

所以，人们寄希望于试验方法的改进，即这种方法可以增加黑暗条件下厌气氢发酵过程中的产氢效率。利用嗜热细菌、限制营养供应以及最重要的基因工程和代谢工程以改变代谢途径等是最有效的方法，它将导致高水平的产氢效率。

四、生物氢的未来展望

人们对全球变暖的关注大大地促进了氢作为燃料的兴趣。因此，生物氢的生产将在这种有意义的发展中起着重要的作用。然而为了完成这一目标，科学家还需要所有主要从中得益国家的支持以进行生物氢的研究和发展（R&D）。早期（1996年以前）美国能源部每年投资约为100万美元，用于氢生产的研究。但日本在该领域的投资额约为美国的5倍。这样的投资总额远远低于生物氢实际效应的长期发展和近期研究所需经费。除了发展可持续的燃料资源外，生物氢类型的研究和发展无疑将还会产生一些其他的商业性技术。例如，细菌氢代谢在许多发酵过程中是一个关键性步骤，而且也是生物腐蚀（biocorrosion）的重要过程。因此，对细菌氢代谢在有毒有害废物的生物修复工程中也正在进行研究。但是，到目前为止，生物氢生产所提供的效益和能源的经济转化过程等还都需要通过研究来予以确定。

现时要预报图5-1中所列出的许多途径实际应用的可能性还为时过早，但最终会获得成功！或者生物氢的生产会成为大规模的生产过程，或者可能成为小规模的屋顶转化装置，但当对氢的生物技术进行考量时，由大量使用非再生能源而造成持续能源"危机"的可能性将会推动科学家对生物氢进行深入的研究和发展。无疑，生物氢领域的研究将在形成新的、清洁的能源过程中，以及促进环境科学技术的进步中起不可忽视的重要作用。因此，在21世纪来临之时，各方面都需要关注和展开氢生物技术的理论和实际应用的研究。

第六章 生物氢发生的动力学

一、悬浮式生长系统

Lawrence 和 Mccarty（1996）研究了挥发性脂肪酸、乙酸、丙酸和丁酸转化为氢（H_2）和甲烷（CH_4）的动力学。研究表明，由于在厌气发酵过程中是一种限速反应，所以，应当讨论完整发酵过程中的动力学及其发酵发展过程的模型。

在连续设计的混合流动基质的厌气发酵过程中，微生物的净生长量可用下式表达：

$$\frac{dX}{dt} = a\left(\frac{dF}{dt}\right) - bX \tag{1}$$

式中 dX/dt = 发酵罐中每一单位体积的微生物净产量（生物量/体积 – 时间）。

式中 dF/dt = 发酵罐每单位体积废物利用率（生物量/体积 – 时间）。

X = 微生物浓度（生物量/体积）

a = 产量系数/时间

b = 微生物衰败系数/时间

基质利用率（dF/dt）与基质浓度有关，其方程式如下：

$$\frac{dF}{dt} = \frac{kXS}{K_s + S} \tag{2}$$

式中 S = 反应罐中的基质浓度（生物量/体积）

K = 在废物高浓度时，每单位微生物重量所能利用废物的最

大量/时间

K_1 = 当 dF/dt 达最大用量的一半时, 半速率系数 (half velocity coefficient) 等于废物浓度 (生物量/体积)

将反应式 (1) 和式 (2) 合并:

$$\frac{(dX/dt)}{X} = \frac{akS}{K_s + S} - b \qquad (3)$$

数量 (dX/dt) x = 以单位时间内单位微生物量表达的微生物净生长量, 而且可视为微生物特异生长量。

为了保持稳态条件, 在微生物产出等量时, 必须将微生物数量从系统中减少。因此, 微生物每天的特异生长量, $\Delta S/\Delta T/M$ 便是保持固体的倒数 (reciprocal), SRT:

$$SRT = \frac{X}{(\Delta X/\Delta T)_T} \qquad (4)$$

式中 X = 系统 (生物量) 中的活体微生物量 (固态); $(\Delta X/\Delta T)$ = 活体微生物 (固态) 总量, 并以 (生物量/时间) 表达, 因此, SRT 为系统中微生物的平均持留时间, 其与活性污染持留时间相类似。如果微生物在发酵罐 (或反应器) 中发生再循环, 那么, SRT 的变化就与水体持留时间 (HRT) (hydraulic retention time) 无关。当基质浓度足够, 而且有较高的 K_s 值时, 最小的 SRT (SRTm) 值亦能抑制微生物的产气过程, 其表达式如下:

$$\frac{1}{SRT_m} = ak - b \qquad (5)$$

SRT_m 的倒数值 (reciprocal) 为 U_m, 其代表微生物有限的特异生长量。它与发酵过程的时间有关, 并可用下式表达:

$$T_d = \frac{0.693}{u_m} \qquad (6)$$

式中 T_d = 微生物产出量所需时间。

有报告指出, 厌气发酵的 SRT_m 值 (时间) 需要 $2 \sim 10$ 天。

好气发酵的 SRT_m（系数）值则为 0.5 天或少于 0.5 天。SRT 微生物量和发酵条件（系数）之间的关系用图 6 – 1 表示。

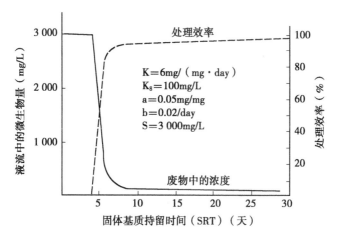

图 6 – 1 连续发酵过程中 SRT 和微生物量之间的关系模型

a、b、k 和 K_s 为常数，其可用于评价试验数据的真实性。生长系数 a 和 b 还可用于测定线性形态（linearized form），其方程式为：

$$\frac{1}{11RT} = aU - b \tag{7}$$

式中 U = ds/dt/x；因此，方程式（2）的线性形态就可用于评价 k 和 K_s，其评价用的方程式如下：

$$\frac{1}{U} = \frac{K_s}{k}\left(\frac{1}{S}\right) + \frac{1}{k} \tag{8}$$

方程式（8）被生物化学家在酶动力学研究中用来验证 Michaelis-Menton 常数。

$$\frac{1}{V} = \frac{1}{V_{max}} + \frac{K_m}{V_{max}} \cdot \frac{1}{S} \tag{9}$$

式中 V = 反应速率

V_m = 最大反应速率

（S） = 底物浓度

K_m = Michaelis-Menton 常数，其可用于测量酶—底物复合体的稳定性。

$$底物 + 酶 \underset{K_2}{\overset{K_1}{\rightleftharpoons}} 酶—底物复合体 \overset{K_3}{\longrightarrow} 产物 + 酶$$

$$K_m = \frac{k_2 + k_3}{k_1}$$

试验结果表明，挥发性脂肪酸的甲烷发酵、稳态动力学、生物量持留时间及其回归线形态净特异生物量、产出的挥发性酸量之间的关系，并可用下列数学模型予以计算：

$$\frac{1}{SRT} = u = \frac{akS}{K_s + S} - b \tag{10}$$

试验中测定的各种系数综合于表 6 - 1 中。

表 6 -1　底物利用率和生物生长的有关动力学系数

基质	温度 (℃)	k* [mg/ (mg·day)]	k_s (mg/L)	a** (mg/mg)	b/天	SRT_M (天)
乙酸	20	3.6	2 130	0.04	0.015	7.8
城市污泥						10
乙酸	25	5.0	869	0.05	0.011	4.2
丙酸		7.8	613	0.051	0.04	2.8
城市污泥						7.5
合成乳制品废物		0.38	24	0.37	0.07	4.7
乙酸	30	5.1	333	0.054	0.037	4.2
乙酸	35	8.7	154	0.04	0.019	3.1
丙酸		7.7	32	0.042	0.01	3.2
丁酸		8.3	5	0.047	0.027	2.7
城市污泥						2.8

（续表）

基质	温度（℃）	k＊［mg/（mg·day）］	k_s（mg/L）	a＊＊（mg/mg）	b/天	SRT_M（天）
包装废物水		0.32	5.5	0.76	0.17	

注：＊COD 表达每毫克生物固体转化为甲烷的数量

＊＊以 mg 表达每毫克（COD）产出生物固体转化为甲烷的数量

在理论上，K 值的变化是由温度所引发的。所以，K_s 值可用下式表述

$$\lg \frac{(K_s)_2}{(K_s)_1} = 6\,980 \left(\frac{1}{T_2} - \frac{1}{T_1} \right) \tag{11}$$

二、填充柱系统

液流上升厌气过滤器是细菌吸收于膜上而与基质相结合的过滤装置。在稳定状态时，膜中的生物量平衡值为：

输入量 - 输出量 = 净吸收量

根据 Fick 分子扩散定律，通过表面积（A）的生物质转移量（dF/dt）与底物浓度（s）在界面上的浓度梯度量一定的比例关系。其表达式为

$$\frac{dF}{dt} = AD_s \frac{dS}{dZ} \tag{12}$$

式中 dF/dt = 在界面上的生物质转移量（生物量/时间）

dS = 扩散系数（表面积/时间）

dS/dZ = 底物浓度梯度（生物量/面积）

Z = 生物膜宽度（或长度）

A = 生物膜表面积

在生物膜中底物的吸收量可用下列方程式表达：

$$\frac{dS_Z}{dt} = \frac{KS_Z X}{K_S + S_Z} \tag{13}$$

式中 dS_z/dt = 底物吸收量［生物量/（体积·时间)］

K = 最大底物消失量［生物量 S/（生物量·X）－时间］

S_z = 宽度 Z 时的底物浓度（生物量/体积）

X = 生物层中的生物量（生物量/体积）

K_s = 生物层中达一半速率时的浓度（生物量/体积）

单位横断面的生物层中不同距离之间的物质平衡可用下式表达：

$$\frac{d^2 S_2}{dZ} = \frac{1}{D_z} \frac{K S_z X}{K_s + S_z} \tag{14}$$

当 S_z 大于 K_s 时，方程式（15）可降为零级次动力学方程式：

$$\frac{d^2 S_2}{dZ^2} = \frac{KX}{D_z} \tag{14a}$$

因此，在界面上每一单位横截面上生物转移量的积分式为：

$$\frac{dF}{dt} = KXh \tag{15}$$

式中 h = 生物膜厚度（或长度）生物层厚度的概值为：

$$h = \sqrt{\frac{2D_s S_1}{KX}} \tag{16}$$

式中 S_1 = 液体中底物浓度（生物量/体积）

如果反应器中减少的单位体积底物与比表面（A/V）有关，那么，液体底物的浓度可用下式表达：

$$\frac{dF}{Vdt} = K_1 \frac{A}{V} \sqrt{S_1} \tag{17}$$

式中 K_1 = 以零级动力学为基础的反应系数

V = 反应器容积

S_z 大于 D_s

当 S_z 小于 K_s 时，方程式（15a）便降为一级动力学方程：

$$\frac{d^2 S_z}{dZ^2} = \frac{KXS_z}{D_s K_s} \qquad (18)$$

因此，转移的生物质量便成积分方程：

$$\frac{dF}{dt} = S_1 \sqrt{\frac{Q_s K_X}{K_s}} \qquad (19)$$

如果 D_s，K，X 和 K_1 变化不大，那么方程式便为：

$$\frac{dF}{Vdt} = K_2 \frac{A}{V} S_1 \qquad (20)$$

式中 $K_2 =$ 以一级动力学为基础的系数 dt 大于 S_1，方程式（18）和式（21）表明，底物消失量与生物膜表面积和底物浓度有关，但与生物膜厚度无关。

三、液体流动床系统

液体流动床生物膜反应器（the fluidized bed biofilm reactor）（FBBR）是一种液流通过基质如沙、煤炭和合成材料而向上流动的液体反应器。Shick 提出了 FBBR 动力学模型。模型试验证实，底物转化反应的零级限速反应，其是通过生物膜中的底物扩散来限制反应速率的。图 6-2 标出了试验结果。研究结果表明，通过反应器的底物浓度变化可用一级方程式来表达。速率系数（k）受底物和生物膜特性的制约（详细资料可参阅"Biogas"一书）。

四、影响厌气发酵过程的速率

厌气发酵过程已得到了广泛的应用，但其技术的发展还需进一步对发酵理论和影响生物发酵稳定性的因子等各个方面进行研究。

为了使厌气发酵过程在实践中更好地利用，下面将论述影响发酵过程的一些因子。

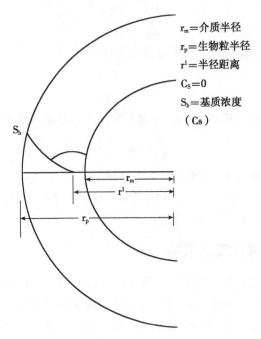

$r_m =$介质半径
$r_p =$生物粒半径
$r^1 =$半径距离
$C_S = 0$
$S_b =$基质浓度
（C_S）

图6-2　进入生物膜的生物粒和基质穿透作用

1. 温度

（1）发酵温度

发酵反应和产气过程会在很宽的温度（4～60℃）范围内发生。一旦出现稳定的温度范围时，其时温度的微小变化亦能导致发酵过程的波动，图6-3给出了温度与产气量的关系。

虽然大部分污泥发酵罐是在中温（30～40℃）条件下操作的，但甲烷和氢的产生则会在低至4℃的条件下发生。在4～25℃范围内温度增加的影响十分明显，产气量亦会发生明显的变化，即从100%增到400%。在25℃时最终的化学需氧量（COD）为35℃时的90%，而且在25℃时抗分解的底物是一些

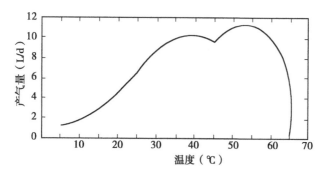

图 6 - 3 温度对产气量的影响

具有复杂特性的化合物，如脂肪和长链碳水化合物。在 20℃ 和 15℃ 时，不易降解的化合物的比例会有所增加。

虽然在低温（20~25℃）发酵时保留固体物的所需时间是中温发酵所需时间的 2 倍，但产气数量和质量以及其他发酵的稳定性参数则大大有利。酵母发酵的最适温度约为 35℃。

（2）热预处理

在 150~200℃ 热预处理 30 分钟至 1 小时可以脱水（dewaterability），控制气味和灭菌。在厌气发酵前进行热预处理可以获得真正的产能效果（净产能）。热预处理的缺点是会形成有毒的副产物（呋喃化合物）（furan compounds），但厌气发酵过程则会适应这类化合物的存在。

2. pH 值（酸碱度）

已有一些报告指出，甲烷细菌的最适 pH 值为 6.9~7.2，6.4~7.2，6.6~7.6。甲烷细菌不能耐 pH 值波动的变化。非甲烷细菌对 pH 值变化并不敏感，而且在 pH 值 5.0~8.5 的范围内都能活动。

二氧化碳——重碳酸盐缓冲系统构成的 pH 值可与挥发性酸和发酵过程形成的氨密切相关。这是十分重要的，那就是对发酵过程形成的酸有足够的缓冲能力，而且不会将发酵液的 pH 值降至抑制甲烷细菌的生长和繁殖。

发酵液的酸碱度可用测量 pH 值和 CO_2 的分压来予以监测。在不同 pH 值和温度时的重碳酸的浓度和 CO_2 的分压之间的关系可用图 6-4 来表示。

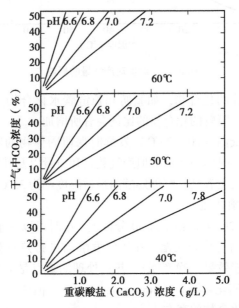

图 6-4 气体成分、温度、pH 值和碱度之间的关系

虽然向发酵液加碳酸钠和重碳酸盐可以缓冲 pH 值，但石灰（氢氧化钙）是最常用的缓冲剂。然而，石灰会与天然重碳酸钙发生反应而形成不溶性碳酸钙。所以，pH 值会受到碳酸钙溶解度的限制。因此，石灰不会明显地增加 pH 值，因为石灰增加了碳酸钙的沉淀。但是，正磷酸盐能抑制碳酸钙的沉淀，从而使石灰可明显地调节约 40% pH 值的缓冲能力。有幸的是大部分废物

含有足够量的正磷酸（ > 10 × 10³mol/L）。挥发性酸和氨对 pH 值有影响，从而会毒害甲烷菌，但其浓度在 30 ~ 60mg/L 时才会发生毒害作用。同时氨的抑制作用是由过量的游离氨而不是铵离子所造成的。发酵和产出乙醇的最适 pH 值为 4.0，而最大的反硝化作用则在 pH 值为 7 时才能发生。

3. 水分

所有细菌都需要水分，但它们能在一定范围内耐缺水条件，其范围可从很少水分含量至稀释营养溶液。这就表明，非常湿的废物亦可用于发酵，而且可省略用于干燥的电费。固体废物中的各种水分含量都会影响发酵时的产气量。水分从 36% 增加至 99% 时会增加产气量 670%，但在水分为 60% ~75% 时产气量增加非常明显。表 6 - 2 列出了填埋场废物的水分含量。

表 6 - 2　5 种填埋场采集的样品含水量（%）

时间（月）	顶部 2 ~4ft（%）	中部 5 ~7ft（%）	底部 8 ~10ft（%）
0 ~1	18.9	20.9	22.8
3 ~6	19.2	23.8	20.9
6 ~9	21.7	24.3	28.4
9 ~12	24.5	26.7	33.5
12 ~18	25.2	25.9	31.7
18 ~24	25.7	30.3	34.3
24 ~30	20.9	24.1	28.3
30 ~36	25.5	28.1	32.2
36 ~48	24.0	28.1	32.4
48 ~120	21.1	29.5	33.4
360 ~420	20.9	22.9	21.3

4. 营养：氮、磷、硫和碳

微生物含有约为 100 : 10 : 1 : 1 的 C : N : P : S 比例。适合

微生物生长的 C∶N 和 C∶P 比例分别为 25∶1 和 20∶1。在 pH 值大于 7.4 时，铵态氮浓度超过 3 000mg/L时对微生物有有害作用。除硫酸盐外，所有无机硫化合物的浓度在 9mmol 时会抑制纤维素的降解和甲烷菌的生长，硫化物的抑制顺序为硫代硫酸盐 > 亚硫酸盐 > 硫化物 > 硫化氢。现已证实，硫还原细菌会与甲烷细菌争夺氢。研究表明，能利用氢的硫还原细菌会抑制甲烷细菌的生长，但有足量的氢时，两种细菌都能生长。许多有机化合物都能抑制厌气发酵。这类有机物有有机溶剂、乙醇、长链脂肪酸和高浓度的农药等。

5. 阳离子

所有阳离子在高浓度时都能产生毒效应，但其相对毒性则有所不同。一般而言，毒性随阳离子的增加和原子量的提高而有所增加。研究表明，所有阳离子都对厌气条件下的甲烷细菌产生影响。阳离子有 3 种基本影响，即毒性、颉颃和刺激。一种阳离子的毒性因其他阳离子存在而有所变化。

许多细菌都能明显地积聚可溶性重金属离子，其是通过细胞壁的蛋白质与阳离子进行络合作用来完成的。阳离子毒效应顺序如下：

$$Ni > Cu > cr (Iv) \approx Cr (Ⅲ) > Pb > Zn$$

表 6 – 3 列出了重金属离子对厌气发酵时的毒性。

表 6 – 3　重金属对厌气发酵的毒效应

	供料过程		脉冲供料 毒害浓度（mg/L）
	抑制浓度（mg/L）	毒害浓度（mg/L）	
Cr（Ⅲ）	130	260	< 200
Cr（Ⅵ）	110	420	< 180
Cu	40	70	< 50
Ni	10	30	> 30

（续表）

	供料过程		脉冲供料
	抑制浓度（mg/L）	毒害浓度（mg/L）	毒害浓度（mg/L）
Cd	—	＞20	＞10
Pb	340	＞340	＞250
Zn	400	600	＜1 700

研究表明，当缺乏必需营养或辅因子时，发酵反应速率会受到影响。Clausen 等发现，在低碳水平时，微生物发酵为一级动力学反应（first-reaction reation）。

在纤维素转化为甲烷时，共有 4 个限速反应步骤：

①胞外酶使纤维素转化为可溶性糖；

②产酸细菌形成的挥发性酸；

③甲烷细菌将挥发性酸转化为 CO_2 和 CH_4；

④液体可溶性产物转化为气体化合物。

在这类化合物的转化过程中，都有一些限速因子而使发酵反应受到影响。

五、生物氢发酵装置的设计

为了在相同条件下，使微生物产出更多的氢，设计了多种产氢发酵装置（图 6 - 5，图 6 - 6）。

生物冰核和生物氢的应用

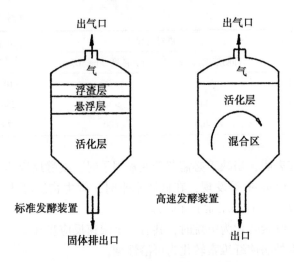

图 6 - 5　生物氢生产的标准发酵装置

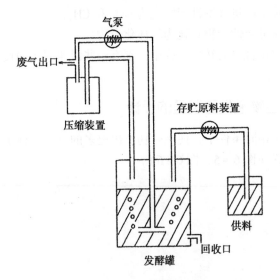

图 6 - 6　用于生物氢厌气发酵装置

第七章　固氮蓝细菌（*Anabaena* SP.）的好气产 H_2 及其积累

导　言

一种固氮蓝细菌鱼腥藻 N – 7363 种，是用于在好气条件下进行水的生物光解系统（a Water biophotolysis system）研究的一个品种。该品种在大气条件下供应 CO_2 的方式以使其释放出 H_2 和 O_2。在培养 12 天后，产出 H_2 和 O_2 的最终浓度分别为 9.7% 和 69.8%。对氢的吸收活性（Hydrogen uptake activity）在培养过程中虽然未能观察到，但已知氢的释放是因其具有唯一的酶，即固氮酶所催化。

在许多实验中，固氮蓝细菌可用于由水产出 H_2 的系统研究。由蓝细菌所造成的水的生物光解过程中，要解决的主要问题是氮气和氧气对产 H_2 过程的抑制作用。氮气是产 H_2 反应的一种竞争性抑制剂，而氧气也是固氮酶的钝化剂（inactivator），但是，好气固氮菌具有各种保护机制以抗氧气的抑制效应。因此，大部分蓝细菌的产 H_2 系统能利用氩气作为基础气体。

在固氮菌中，附随的吸收氢化酶活性能阻止密闭容器中氢气的积累。蓝细菌用惰性气体进行连续培养后，由于培养过程中放出的氢气和氧气的浓度很低，所以它阻止氢气的吸收和氧气的抑制作用。但是，Mitsui 及其同事提出，因放出的氢气必须与大量的惰性气体分离，所以这种研究方法难以实施。因此，在密闭系统中，不使用稀有气体而能使氢气积累的方法才具有实际可应用的优点。

科学家从 yamanashi 大学收集到的固气蓝细菌中分离出了一种好气产 H_2 品种 (N -7363)，并证明，该品种在密闭的容器中能使好气和厌气产 H_2 作用延长。在这种密闭容器中，气体可用半分批法 (Semibatch procedure) 予以更新。在本文中，我们将论述 *Anabaena* Sp. Strain N - 7363 在密闭容器中仅供应 CO_2，而不用任何更新气体时它的好气产 H_2 和同时积累 H_2 和 O_2 的过程。

一、材料和方法

将 *Anabaena* Sp. Strain N -7363 置于一个 300mL 的容量瓶中进行培养。培养基为 150mL 经改良过的无任何化合态氮的 Allen-Arnon 培养基，并用 7 Klx 连续光照和温度为 30℃ 的条件下增富 CO_2 (5%，vol/vol) 来进行培养。在培养过程中，不断用磁力搅拌器进行搅拌。培养 5 天后，培养菌体转入 Roux 瓶 (图 7 -1) 中用新鲜培养基进行培养。瓶的内部总体积为 1 550mL，初始工作体积为 1 000mL。初始气相是用 CO_2 (5%，vol/vol) 增富的气体 (空气)。

除第 V 步骤外，所有过程每 10 天重复一次。

(Ⅰ) 用一个压力阀注射器 (a Pressure Lok Syringe) 抽出气体样品，并用气相色谱仪测定氢、氧和二氧化碳的浓度；(Ⅱ) 容器中的气体经由三相闭门排皮下注射器后，注射器刻度以大气压条件下进行测定，注射器的内部气体则弃去；(Ⅲ) 将 CO_2 浓度恢复为 5%，并计算出注入 CO_2 的体积。在后续过程中，排出的气体 (gas atmosphere) 并不影响大气压 (atmospheric Tensiom)；(Ⅳ) 吸出 15mL 培养基 (Culture) 以测定蓝细菌细胞浓度；(Ⅴ) 再吸出 10mL 培养基以检测乙炔还原活性，并在黑暗条件下原位测定 H_2。

根据以前的报道，氢和氧的浓度都作过测定。二氧化碳的浓

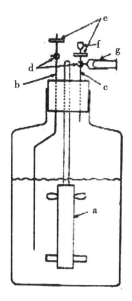

图 7-1　培养蓝细菌的容器

　　培养容器是一个 Roux 瓶（14cm × 6cm）。（a）一个 Culstar 搅拌器，其可以调节和调整；（b）吸取培养基和注入 CO_2 的管道（不锈钢制成，1 mm 直径）；（c）气体取样和测定内部气体体积的管道（不锈钢制成，1 mm 直径）；（d）三相塑料阀；（e）用一个 FGLPOBOO 过滤膜制成的膜过滤器；（f）用于气相色谱仪器上定时的气体取样插塞（plug）；（g）用于测定容器气体体积变化的皮下注射器（最大刻度为 20mL）

度则用 Shimazu Gc RiA 气相色谱仪测定（检测器为 TCD）。它装有活性碳（30/60 目）柱（3 mm 直径，长 2m）。炉温为 140℃，载气（氮）的入口压为 $1kg/cm^2$。

　　在黑暗条件下，氮吸收活性可用于氢－氧电极系统进行检测。乙炔－还原活性和细胞干重的测定采用常规法进行。由还原甲基紫色化合物（Viologen）释放出的氢活性亦可用氢－氧电极测定。还原紫色化合物的制备已在以前的试验中作了叙述，同时，在试验过程中向蓝细菌悬浮液加 1mmol 紫色化合物（再加 5mmol 连二亚硫酸）。

二、结果和讨论

以前曾报道，当 *Anabaena* Sp. Strain N－7363 封闭在暂时停止通气的容器中时，其便释放出氢。本试验表明，该品种的蓝细菌在完全封闭系统中能同时积累氢和氧（图 7－2）。

在封闭培养器中，整个固氮蓝细菌细胞好气积累氢的条件如下：（Ⅰ）氢的释放完全不受氮气的抑制；（Ⅱ）固氮酶系统对氧气有高度的保护作用；（Ⅲ）吸收氢化酶的活性很低或无活性。试验表明，N－7363 品种需要十分有利的条件，即首要条件。所需的首要条件是，N－7363 品种释放氢的过程完全不受氮气的抑制，而且在氮气还原速率为 100% 时仍有可能放出 H_2。

我们还检验了所需的条件（Ⅱ）。乙炔还原活性在不同的氧分压条件下进行测定。其是在 H_2 释放过程中吸取培养基样品来进行测定的（图 7－3）。试验结果表明，该品种在每种条件下达到最大乙炔还原时需要一些氧气，而且 N－7363 的固氮酶系统对氧气具有很高的抗性。虽然，还需要作进一步的研究才能阐明这种氧气的高抗性能，但图 7－3 中的数据则表明，呼吸作用在该品种的保护机制和固氮酶反应过程中起着主导的作用。

N－7363 品种产 H_2 亦需要充分条件（Ⅲ）（表 7－1）。我们对培养基氢吸收活性的检测进行了研究。在图 7－2 所示的条件下，培养基能产出 H_2 和 O_2。将肉汤培育基吸出，并立刻转移至氢－氧电极测定器中，但并未观察到黑暗条件下的氢吸收活性。产生氢活性的程度取决于内源呼吸作用。这就意味着 N－7363 品种发生的氢吸收活性是由于氢－氧反应所造成，但与黑暗条件下的产 H_2 能力相比则微不足道。在图 7－2 中表明的好气条件下，也不可能发生依－光氢吸收活性。吸收氢化酶被认为是可以

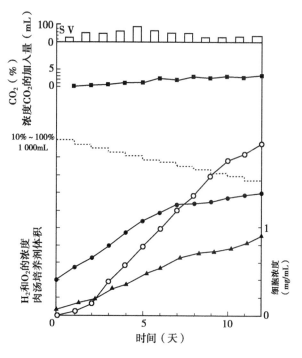

图 7 – 2　*Anabaena* sp 品种释放氢和氧的时间进程

　　细胞悬浮液培养于图 7 – 1 的培养容器中。培养温度为 30℃，并在 7Klx 连续光照（荧光灯）条件下培养。H_2、O_2 和二氧化碳浓度的测定按材料和方法中所论述的方法进行。日界线（Dashed line）表明了肉汤培养剂的容积。S 表明了注射器的刻度。V 表明了 CO_2 体积与氢和氧相比的百分率分别为 10% 和 100%。符号代表：○氢；●氧；■二氧化碳；▲蓝细菌细胞浓度

　　重新产生氢气的酶，因此，产 H_2 过程是通过厌气依 – 光反应和氧 – 氢反应而发生的固氮酶的副反应。后者（氧 – 氢反应）有助于固氮酶抗氧的保护作用。但是，在实际应用的研究中，增加一氧化碳和乙炔以及好气的黑暗处理都会钝化或阻遏吸收氢化

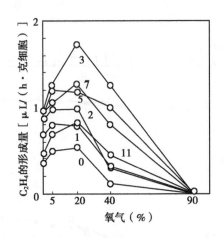

图 7–3 在各种氧的分压条件下, 产 H_2 过程中样品消耗时的乙炔还原活性。每一个用橡皮塞塞住的容器 (Erien meyer 三角瓶) 都含有 1mL 肉汤培养剂和 6～7mL 气体。乙炔气浓度为 10％。数字代表样品消耗时的产 H_2 时间 (天数)

酶, 因此, 这就能减少氢的净产量。表 7–1 所列出的蓝细菌品种的性质有利于实际可应用的产 H_2 作用, 这是因为产 H_2 过程无需人为地阻止氢的吸收。

然而, 依 – 还原甲基紫色化合物的产 H_2 过程是由于氢化酶所造成, 当表 7–1 中列出的样品用氢 – 氧电极测定时 (数据在表中未列出), 并未观察到可逆的氢化酶活性。这些事实表明, 释放 H_2 的有关酶只有固氮酶, 而氢化酶并不参与氢的代谢 (至少在图 7–2 中所列的条件是如此)。

Mitsui 及其同事用氩气为基本气体的封闭系统中研究完成了固氮蓝细菌的产 H_2 及其积累过程。但是, 到目前为止, 未见有产 H_2 及其积累过程会在氮和氧同时存在的条件下发生。在封闭系统中 Anabaena Sp 菌种 CA 和 IF 都不会将高产 H_2 量时间延长。

Anabaena Sp. Strain N – 7363 有可能在好气或无控制的大气体条件下产生 H_2。

表 7 – 1　*Anabaena* sp. Strain N – 7363 蓝细菌品种在黑暗条件下的产 H_2 过程

取样时间（天）	浓度（%）		每毫克干细胞的产 H_2 量（$\mu g\ H_2$/h）
	H_2	O_2	
1	0.40	33.2	0.371
2	1.02	37.7	0.765
3	2.18	49.5	0.581
5	4.18	55.0	0.533
7	6.92	66.6	0.539
11	9.70	70.4	0.216

第八章　柠檬酸细菌（*Citrobacter intermedius*）和巴氏芽孢梭菌（*Clostridium pasteurianum*）的产氢能力

导　言

甲烷、氢和硫化氢以及二氧化碳都是微生物发酵的重要气体和产物。前两种气体是重要的燃料。因此，生物氢的研究具有很大的意义。梭状芽孢杆菌（*Clostridia*）是在厌气环境如污泥、渍水土壤、湖泊和池塘沉积物、沼泽，以及动物和类似的非动物肠道中分布最广的降解细菌。但有些细菌则是病原菌。它们能大量利用与细胞生长有关的有机质。由于不适宜还原条件（高度负值的氧化还原电位）的存在，H_2 的产出和 N_2 的固定便成为这些微生物代谢的一部分综合产物。

C. pasteurianum 能产生大量的气体（$5.5mol\ H_2 + CO_2/mol$ 蔗糖）。与此相比，*citrobacter intermedius* 是一种兼性厌气细菌，它仅能产生 $2mol\ H_2 + CO_2/mol$ 葡萄糖。现虽不知道两种微生物都能产出气体，但只知道 *C. intermedius* 的产 H_2 和 CO_2 的方式和速率。

一、材料和方法

1. 化学试剂

用于研究的化学试剂是从 Fisher Scientific，NJ，USA 获得。无氧氮气则从 Matheson Canada，Ontario 购得。

2. 菌株的培养和接种

研究采用的微生物有 *C. intermedius* 和 *C. pasteuianum*（N.

Drakich，VWD London，Canada）。这些菌株在室温用酵母提取液（1.0% W/V）和矿质盐琼脂（yxMSA）培养基保存，并每周转移一次。从 yxMSA 培养基上取出菌落，并在 50mL 葡萄糖（1.0%）和矿质盐培养基（GMS）上于 37℃ 条件下进行厌气培养。指数相位细胞用作 14dm³ 发酵罐研究时的厌气接种菌。

3. 生长基质

研究所用的矿质盐培养基（MS）（g/dm³ 蒸馏水）如下。

$MgSO_4$ 0.5；$Na_2S_2O_3 \cdot 5H_2O$ 1；（NH_4）$_2SO_4$ 1；NaCl 1；KH_2PO_4 20；K_2HPO_4 5（pH 值 6.0）。加入无水葡萄糖使培养基的最终浓度为 7.7g/dm³ GMS。加入酵母提取液使最终浓度为 0.1%。加入 14M-KOH 以轻微调节 GMS 培养基灭菌前后的最初 pH。高压灭菌对最初 pH 的影响可以忽略不计。

包括葡萄糖溶液在内的矿质盐酵母培养基（12dm³）置于发酵罐内，用压力为 10.546kg/m²，121℃ 条件下高压灭菌 2 小时。在冷却过程中，培养基用无氧 N_2 气流连续喷洒一夜。

培养基的葡萄糖组分用 0.22μm 微孔过滤器（Millipore）分开过滤灭菌。葡萄糖溶液的接种培养和加入过程可同时完成。有效的总体积为 13dm³，头部空间为 2dm³。然后停止喷洒，而且，在发酵期间不必重复。为了完全封闭不通空气，所以要提供一种发酵罐的有效设计。气体出口处可用一个小水阀进行关闭。这样用高压灭菌和用 N_2 气喷洒后，厌气生物分解（anaerobiosis）才能维持。

4. 反应器（发酵罐）

反应器（发酵罐）是一种底部可驱动的 Chemapec 发酵罐（Chemap，Mannedorf，Switzerland）。搅拌速率（2.4m/S）、温度（34℃）和 pH 值的控制都按原设计进行。

5. 14dm³ 发酵罐的生长研究

在每罐发酵过程中，培养基（15 cm³）和气体样品（10

cm^3）都以间隔 1 小时或 2 小时吸取一次。生长量从细胞干重来测定。气体样品用气紧注射器从发酵罐头部空间抽取。气体组分百分率的分析用气相色谱仪测定。

用二硝基水杨酸（DNS）试剂测定葡萄糖含量。离心培养基所获得悬浮液（$100mm^3$）样品在试剂（$3cm^3$）加入前，首先用蒸馏水稀释至 $1cm^3$。在发酵过程中应随时检测 pH 值，温度（℃）和搅拌速率，以及产出的气体量（体积）。

二、结果和讨论

C. intermedius 和 *C. pasteurianum* 在厌气条件下于葡萄糖矿质盐培养基上的生长方式绘制成图 8－1 至图 8－4。*C. intermedius* 在接种后 12 小时能完成发酵过程（图 8－1，图 8－2）。记录下培养基在 650nm 的吸收光谱，其可作为发酵过程的发展状况，且在 15 小时后达到一个最高值（1.8）（图 8－1）。生物体的全部产量为 29.5g/mol 葡萄糖（表 8－1）或 $1.26g/dm^3$。在约 11.5 小时后，原来的葡萄糖（浓度为 $7.6g/dm^3$）会完全被利用。在生长过程中，pH 值则会从 7.0（初始 pH 值）降低至 6.0。培养基在无 O_2 氮气流的条件下冷却一夜后的 E_h 为 250mV。在连续培养约 11.5 小时后，E_h 值会增加到一个稳定值（－135mv）（图 8－1）。

在生长基质中所提供的 100 g 葡萄糖可产出约 $23dm^3$ 气体（图 8－2）。当活性（指数）生长停止时（13 小时），产气亦就停止了。

释放至反应器顶部（总体积为 $2dm^3$）的气体成分（%，v/v）可作为发酵程度的指标（图 8－2）。它反映了放出气体（H_2，CO_2）的状况。任何释放出的气体都滞后于 H_2 的释放。第一次检测在 3.5 小时后进行。4 小时后则对 CO_2 进行检测。

H_2 和 CO_2 的产出量分别为 0.58mol 和 0.33mol（表 8－1）。

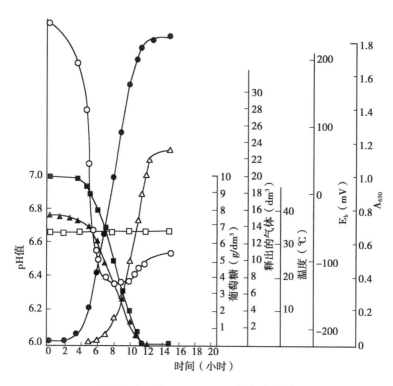

图 8 - 1 用 *C. intermedius* 嫌气生长时

培养基的温度（□）、吸收谱（●）、pH（■）、E$_h$（○）、残留葡萄糖（▲）和产气量（△）的变化状况

该值相当于产出的 1.0mol H$_2$/mol 葡萄糖或 10%（v/v）mol H$_2$/mol 有效基质的 H$_2$ 和 0.035mol H$_2$/g 生物量。产出 H$_2$ 的最大速率 P$_{H_2}$ 为 3.7mmol/h（表 8 - 1）。全部产 H$_2$ 量（Q$_{H_2}$）为 2.5mmol H$_2$/（h·g）生物量。

在接种 42 小时后，就完成了 *C. pasteurianum* 的发酵过程，但还会继续产出很少量的气体（1.5dm^3/h）。发酵基质在生长 30

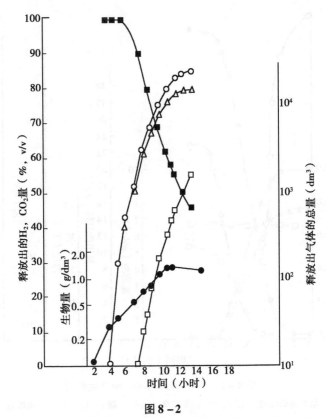

图 8-2

C. intermedius 在反应器顶部（2dm³）产出的气体成分（■H_2；□CO_2），气体体积（○$H_2 + CO_2$；△H_2）以及随时间延长而发生的生物体的对数变化（●）

小时后的光吸收谱达到了一个 1.6 的最大值（图 8-3）。生物体的全部产量为 37.4g/mol 葡萄糖（表 8-1）或 1.6g/dm³。加入的葡萄糖（100g）在发酵过程中会全部被利用。除对照外，pH 值亦会从 7.0 降至 6.7。初始培养基的 Eh 在冷却后和无 O_2 氮气流（2 天）条件下达到 +155 mv。随后，培养基开始发酵，并连续 42 小时，此后，Eh 下降，并超出 -290 mv（图 8-4）。

在用 *C. pasteurianum* 发酵时，产出的气体（83% H_2，17% CO_2）约为 25dm³（图 8-3）。当活性生长（指数生长）停止时（31 小时），活性产气也不再发生。在第 1 次（20 小时）检测 H_2 后 8 小时，再检测 CO_2。

表 8-1　*C. intermedius* 和 *C. pasteurianum* 的产 H_2 量和产 H_2 率

	C. intermedius		*C. pasteurianum*
葡萄糖浓度（g/dm³）	7.7	7.7	15.4
y_g	0.91	0.99	5.3
y_{H_2}	0.58	0.82	1.3
y_{CO_2}	0.33	0.17	3.9
$y_{H_2/S}$	1.0	1.5	2.4
$y_{X/S}$	29.5	37.5	51.2
$y_{H/S}$	0.035	0.040	0.046
P_{H_2} max	3.7	9.0	N.D
Q_{H_2}	2.5	1.9	1.2
% H_2/SH_2	10	25	43

注：Y = 气体产量 [y_g，y_{H_2}，y_{CO_2} 为每批次发酵产出的量（mol）]，G = 气体，S = 基质（每批次葡萄糖的 mol），X = 生物量（每批次的 g），p_{H_2} = mmol H_2/h，Q_{H_2} = mmol H_2/（h·g）生物量，% H_2/SH_2 = % mmol H_2 mol 基质 H_2

H_2 和 CO_2 的产量分别为 0.82mol 和 0.17mol（表 8-1）。由表可知，产 H_2 量是 1.5mol H_2/mol 葡萄糖或 25% mol H_2/mol 有效基质 H_2 以及产 H_2 量为 0.04mol H_2/g 生物体。最大产 H_2 量为 9.0mmol/h（表 8-1）。产 H_2 总量（Q_{H_2}）为 1.9mol H_2/（h·g）生物体。

C. pasteurianum 的最大生长速率为 0.23/h，而 *C. intermedius* 则为 0.21/h。*C. pasteurianum* 生长滞后期则为 2 小时。在测定的

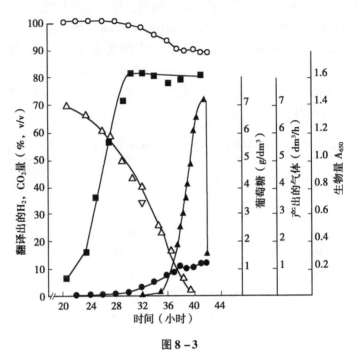

图 8 - 3

用 *C. pasteurianum* 培养基吸收谱（■），残留葡萄糖（△），产气率
（▲），以及气体成分（○，H_2；●，CO_2）随时间进程所发生的变化状况

　　基质中缺乏酵母提取液时，*C. pasteurianum* 不可能生长。
C. pasteurianum 和 *C. intermedius* 的最大生物体产量分别为 1.6g/
dm^3 和 1.30g/dm^3（图 8 - 1，图 8 - 3）。*C. intermedius* 发酵产生
的最后气体成分为 60% H_2 和 40% CO_2。*C. pasteurianum* 发酵产
生的最后气体成分为 85% H_2 和 15% CO_2。

　　当葡萄糖浓度加倍增至 15.4g/dm^3 时，形成气体总量的
44% 与生长有关（图 8 - 5）。在培养 32 小时后，生物体最大产
量达到 2.85g/dm^3，其产出的气体量则为 121dm^3。进一步培养
16 小时后，最终气体总量为 134dm^3（5.3mol）（图中未标示）。

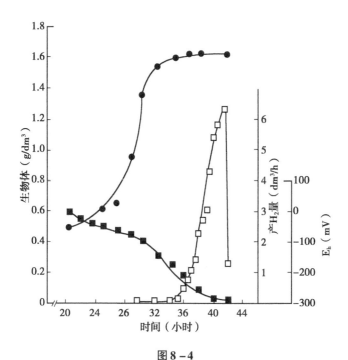

图 8 - 4

C. pasteurianum 随时延长所发生的生物体（●），E_h（■）和产 H_2 速率（□）的变化状况

最后气体成分中 H_2 为 25%，CO_2 为 75%，它们分别相当于 1.3mol H_2 和 3.9molCO_2。这些数据反映了产量 $y_{H_2}/S = 2.4$ 和 $y_{H_2}/X = 0.05$（表 8 - 1），同时，全部产 H_2 率 Q_{H_2} 为 1.2。基质转化（mol/mol 有效 H_2）成 H_2 的百分率为 40%。

两种厌气微生物——*C. intermedius* 和 *C. pasteurianum* 都能利用葡萄糖产出生物体和 H_2。两种厌气微生物的特异生长速率十分相似，但包括滞后期在内的生长方式则大相径庭。这就会造成两者产 H_2 率（Q_{H_2}）的全面下降。例如，*C. pasteurianum* 的 Q_{H_2} 下降

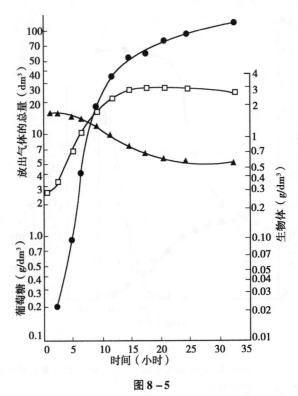

图 8－5

C. pasteurianum 生物体干重（□）和产出气体体积（●）
的变化，以及随时间延长使葡萄糖浓度（▲）降低的状况

71% 时，*C. intermedius* 的 Q_{H_2} 仅下降 15% 。这些研究结果与 Sargent
等用 *C. pasteurianum* 的研究结果十分一致。在这两种情况下，当基
质耗竭前，生长就已停止。长的细胞生长诱导期（20~48 小时）
常能在两种条件下观察到。但在有些情况下则不会出现长诱导期
（例如，Sargeat 等和作者第二个用 *C. pasteurianum* 的 15 个试验中，
采用的培养基为 140dm³）。在这些试验过程中，几乎获得了理想
的气体产量（5.3mol 气体/mol 葡萄糖 vs 5.5mol 气体/mol 蔗糖）。

但 Sargeat 等未测定释放出的 H_2 量。

Clostridum Welchii 的产 H_2 能力为 2.1mol H_2/mol 葡萄糖，该值略低于现时研究所获得的产 H_2 量。休眠细胞释放出的 H_2 量为 0.4mol/mol 葡萄糖，该值远低于利用相同葡萄糖量（0.55mol）的 *C. pasteurianum* 所获得的产 H_2 量。

C. intermedius 的产 H_2 率（y_{H_2} = 0.58）比先前用其所作试验获得的产 H_2 率（y_{H_2} = 0.65）要低。其原因可能是促进生长的酵母提取液的存在，它还能增加葡萄糖向细胞转化而产出除 H_2 以外的其他产品。

C. pasteurianum 的最大产率（P_{H_2}）比 *C. intermedius* 的最大产 H_2 率高 2.4 倍。这一特点与 *C. pasteurianum* 的应用潜力有密切的关系，其可连续进行培养或应用流动（固定细胞）技术。

现时，人们对 *C. pasteurianum* 产出 H_2 是否与生长有关还不清楚。

在 14dm^3 批次反应器中以葡萄糖为基质来培养柠檬酸细菌和巴氏芽孢梭菌，并测定生物量和产 H_2 量。柠檬酸细菌在有关生长过程中产出氢，而巴氏芽孢梭菌则会在静止（稳定）生长过程中都能产出氢。柠檬酸细菌的最大产量和产氢率为 60% H_2 或 1mol H_2/mol 葡萄糖，最大产 H_2 量为 3.7mmol H_2/h，巴氏芽孢梭菌则为 85% H_2 或 1.5mol H_2/mol 葡萄糖，最大产 H_2 量为 9.0mmol H_2/h。在葡萄糖浓度为 7.6g/dm^3 时，H_2 的生产率（Q_{H_2}）为 2.5mmol H_2/（h·g）干生物体。当葡萄糖浓度从 7.6g/dm^3 增加至 15.4g/dm^3 时，*C. pasteurianum* 在相关的生长过程中的产 H_2 率可达 44%。在静止相中，还会产生剩余的 H_2 气。在整个研究过程中，H_2 的产出率（Q_{H_2}）为 1.2mmol H_2/（h·g）干生物体。比较试验指出，*C. pasteurianum* 能达到最大产量和最大 H_2 产出率。

第九章 葡萄糖脱氢酶和氢化酶的产氢过程

导 言

葡萄糖产生分子氢的一种新酶学过程已得到了证实。产 H_2 反应是以 Thermoplasma acidophilum 葡萄糖脱氢酶使葡萄糖发生氧化作用为基础的。同时，葡萄糖氧化过程还与 Pyrococcus furiosus 氢化酶的 NADPH 发生共氧化作用。由葡萄糖与辅因子连续循环可以产生化学计量学的氢量。该种简单系统为再生能源氢提供了一种生物产氢的新方法。此外，该反应的其他产品——葡糖酸，是高价值的日用化学品。

一、材料与方法

氢作为一种可再生燃料的前景已在政策和技术层面受到了广泛的关注和重视。生物体的氢化作用、热解作用和发酵作用在过去、现在和未来都被认为是产 H_2 的重要途径。但是，生物体产生的葡萄糖转化为氢的试管酶学方法则未受到应有的重视。酶学方法需要相对温和的条件，并在不产生中间废气如 CO_2 和 CO 时能产出 H_2。

由动物和细菌源获得的葡萄糖脱氢酶（GDH）能催化葡萄糖的氧化作用，并将其转化为葡糖酸 – S – 内酯，然后，其便被水解为葡糖酸。参与转化的辅因子既可是被还原的 NAD，也可是被还原的 NADP。微生物源的大部分氢化酶虽然不能与生理电子载体如 NADPH 发生反应，但因其具有无效的低电位，所以，两种氢化酶，一种来自好气细菌 *Alcaligenes eutrophus*，另一种来自厌气 *Archaeon* 属的 *Pyrococcus furiosus*，这两种氢化酶都能利用 NADPH 作为一种电子供体。然而，有一种可能性，那就是 GDH 和氢化酶的联合作用能使葡萄糖产生分子氢。在转化过程中葡萄糖的主要来源是纤维素、淀粉以及乳糖。这些糖类在自然界十分丰富，而且可以更新（图 9 – 1）。NADP 的连续反应和再循环，以及酶的稳定性，都对延长产 H_2 过程是必不可少的因子。

　　GDH 和氢化酶已从 *Thermoplasma acidophilum* 和 *P. furiosus* 中得到了钝化。这两种微生物都属嗜热的 *Archaea* 细菌（以前称 *Archaebacteria*）。它们最适生长温度分别为 59℃ 和 100℃。在这些研究过程中，*T. acidophilunt* 的 GDH 和 *P. furiosus* 的氢化酶的联合作用能使葡萄糖产生氢（图 9 – 2）。研究获得的数据表明：①由 GDH 产生的电子流可经 NADP 流向氢化酶，并共同作用而产生分子氢；②获得了氢的最大化学计量；③辅因子 NADP 至少可以完成 20 次循环；④发现了从更新的葡萄糖源获得氢的过程是一条新的途径，而且反应过程不产生废气。

二、结果和讨论

　　由葡萄糖发生的整合产 H_2 量可代表最大的化学计量产值，而且，在加入 NADP 的初始试验后，产 H_2 量在几分钟内达到了最大值（7.5μmol/h）（图 9 – 2）。3 小时后，H_2 的释放量降至零。将 10 μmol 葡萄糖加入，并使反应混合物经几小时反应后，便立即恢复了 H_2 的产出，同时，也又获得了最大的产 H_2 量。该产 H_2 途径中的限速步骤是葡萄糖浓度，因为用于该试验的 NADP 浓度为 0.5mmol，其约为 GDH Km 值的 5 倍。在反应混合物中有 10 mmol 的葡糖酸（gluconic acid）存在时不会影响产 H_2 率和产 H_2 量。因此，葡糖酸显然不是在试验条件下的酶偶合反应的抑制剂。NADP 在 50℃ 时至少可稳定 20 小时。

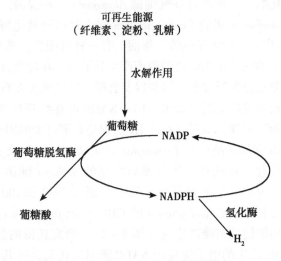

图 9 - 1 再生能源转化为氢的酶学途径

在第二个试验中，100 μmol（50mmol）葡萄糖用于测定分子 H_2 能否持续释放。图 9 - 3 显示，在试验停止时，其虽然未能达到最大的产 H_2 量，但其产出的 H_2 量约为 64μmol。在该葡萄糖浓度时，在反应过程的头几分钟内，已可产出 H_2 量达到爆炸（燃烧）的程度，随后，即在 6 小时内，产 H_2 量会逐渐增加。6小时后，产 H_2 量开始下降，这可能是由于葡萄糖浓度下降所致。在另一个进行的试验中，初始葡萄糖浓度为 10μmol，产出 H_2 的最大值约为 1.7 μmol/h。与初始试验所观察到的结果相比较，其产 H_2 量较少，其原因是反应过程所采用的温度较低（40℃）。NADP 在反应过程被还原，又被再氧化至少达 64 次。同时，在该反应过程中并没有损失其对葡萄糖向氢化酶发送或接收电子往返的能力。反应混合物的 pH 值虽然在 6 小时后从 7.0降至 5.85。但两种酶仍会保持较强的活性。在 40℃ 时，氢化酶的活性在 pH 值 5.5 和 7.0 时无明显差异。这种酶的最适温度在

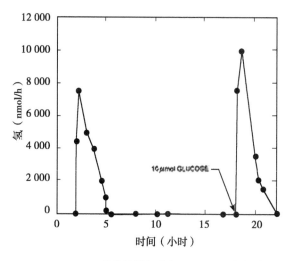

图9-2 *T. acidophilum* 葡萄糖脱氢酶和 *P. furiosus* 氢化酶的产氢过程

反应混合物由 2.0mL 的磷酸缓冲液（mmol）、pH 值 7.0、含 10μmol 葡萄糖、20 单位的氢化酶，12.6 单位的 GDH 和 1 μmolNADP 组成，并在 50℃ 条件下发生反应。反应通过加入 NADP 后开始，并立即测定放出的 H_2。18 小时后，再向反应混合物加入 10μmol 葡萄糖

以 NAPH 作底物时为 85℃。在 pH 值 6.0 时，GDH 的活性约为最适 pH 值 7.0 时活性的 50%。但是，在这样的反应条件下，酶的稳定性难以保持。GDH 和氢化酶系分别由 4 种鉴定过的和 4 种未鉴定过的亚单元组成。从 *T. acidophilum* 获得的 GDH 在 50% 甲醇（methanol）、乙酮（acetone）或乙醇（ethanol），以及在 4mol 尿素溶液中置于室温条件下可稳定 6 小时。这种稳定性表明，齐聚结构（oligomeric structure）在上述试验条件下不会发生溶解，特别是这种酶在极端环境条件下形成了特异功能（天然形成的功能）。与 *Bacillus megaterium* GDH 相比，其在温和条件下，且 pH 值在 5 以下和 pH 值 7 以上时会发生溶解作用。但是齐聚结构（oligomeric structure）因有副因子 NAD 而很稳定。在

100℃的半寿期为 2 小时，氢化酶在试管中达 80℃ 时仍然很稳定。虽然这种酶具有较高的反应温度，但其是固有的稳定性，因此，本试验采用较高的反应温度时导致反应混合物的挥发。

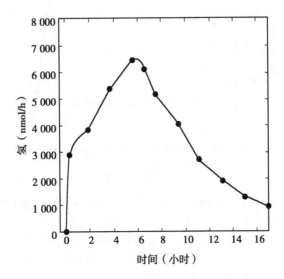

图 9 – 3　40℃时，葡萄糖的连续产 H₂ 过程

反应混合物同图 9 – 2 所列。但葡萄糖含量为 100 μmol

　　本试验的目的是为了测定温和的产分子 H₂ 的酶学过程，以发展可更新的能源。更新能源的样品有：纤维素、淀粉（玉米糖浆）和乳糖（lactose）。所有这些糖类都十分丰富，而且随地可得。纤维素是最大的葡萄糖来源，而且可将其通过纤维素酶水解为葡萄糖。当反应混合中具有纤维素酶时，纤维素便可转化为 H₂（图 9 – 4）。在试验条件下，最大产 H₂ 量约为 325nmol/h。22 小时后，H₂ 的化学计量约为 2.6% 。反应过程中的限速步骤是纤维素形成葡萄糖的浓度（量）（图 9 – 5）。由于向反应混合物另外加入了 400 μg 纤维素酶，从而导致了产 H₂ 率和产 H₂ 量

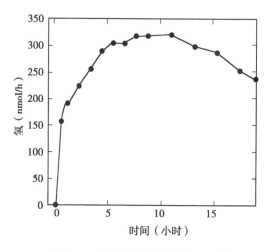

图 9 - 4 微晶体纤维素的产 H₂ 过程

反应混合物如图 9 - 2 所列。但反应混合物含 40 mg 微晶体纤维素（Avicel），无葡萄糖和含 0.4mg 纤维酶蛋白

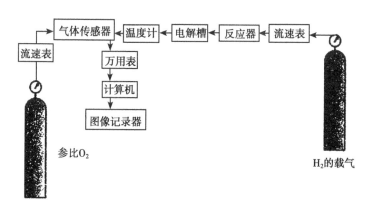

图 9 - 5 用于测定产生氢的装置

的增加（数据未标出）。

该反应过程中仅有的其他产物为葡糖酸，是一种重要的日用化工原料。它可广泛用于隔绝作用（Sequsetration）和整合作用（Chelation）。这类化合物的商业价值很高，而且其市场价为每磅 1.20 美元（$ 1.2/16）。即 $ 2.65/kg。所以，它对再生能源的开发和利用，即酶学产 H_2 过程的经济效益具有十分重要的意义，特别是葡萄糖的来源丰富的玉米糖浆（其价格约为每磅 8 美分或 17.6 美分/kg）。利用纤维素酶生产葡萄糖的价格与玉米糖浆的价格相似（价格为每磅 7 美分），但如果纤维素酶不在商业市场上购买，那么，葡萄糖的价格可降至每磅 1.5 美分。这种经济分析虽然超出了本文的宗旨，但葡糖酸的价格与用于基质的价格相比，其在商业利益上的价值就大得多。显然，这一工艺过程所产出的葡糖酸量大大超出了市场的需求，因此，无疑会大大影响到葡糖酸的价格。其他产 H_2 原料还有淀粉和乳糖。两者都很容易通过淀粉酶/淀粉糖苷酶（amyloglucosidase）和乳糖酶降解为单糖。试验中所用的 GDH 作用于半乳糖（galactose）时，其最大活性可达 70%。所以，从理论上讲，由于葡萄糖和半乳糖会被同时氧化，所以，产 H_2 量便为 2.0mol H_2/mol 乳糖。

第十章 生物反应器（发酵罐）中固定细胞的产 H_2 技术

导 言

利用固定的红螺菌（*Rhodospirillum rubrum* KS – 301）菌种，以有限生长基质葡萄糖为培养基，详细研究了固定细胞在喷嘴环形生物反应器中连续产氢的技术。在试验范围内，最大产 H_2 量为 91mL/h。初始葡萄糖浓度为 5.4g/L，消耗量为 0.4/h，流通量为 70/h。

为了连续不断地产出 H_2，应用了 *Rhodospirillum rubrum* 固定细胞技术。由于固定细胞的 Ca – 藻酸盐（Ca – alginate）对细胞无毒无害，所以，选用了 Ca – 藻酸作为陷网剂（固定剂）。

固定作用是在固定球珠（beads）与基质之间阻止物质转移流动的过程。我们研究了固定床（fixed bed）和 CSTR 生物反应器之间阻止物质流动的技术。喷嘴环形生物反应器的试验系统可用于降低物质转移的阻力。

试验内容有初始葡萄糖浓度、消耗量（稀释量）和循环量（流通量）对产 H_2 量的影响。在本试验过程中，并未出现基质和产物的抑制作用，证明物质转移阻力效应是恒定的。

一、试验材料和方法

1. 细胞

在试验中，红螺菌 KS – 301 种作为供试菌种，这些细胞的保持和培养技术如前所述。

2．批次试验

批次反应器（Batch reaction）采用玻璃制成。固定细胞的圆珠平均直径为0.3cm，并采用Ca-藻酸盐的生产方法。初始葡萄糖浓度范围0.5~5.4g/L，反应器的条件为30℃时进行固定，并用12 000lx光照。厌气条件是在恒温水浴中加以维持。

3．连续试验

连续试验过程都示于图10-1和图10-2。喷嘴环形生物反应器系由1个吸收口（Suction port）和4个喷气口（jets）（出口直径为0.1cm）组成。向下流量与向上流量的比率为1∶1。高度直径比率为3∶1。其他操作条件列于表10-1和表10-2。

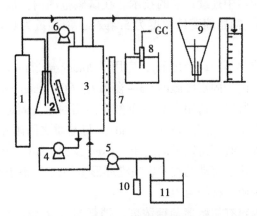

图10-1 用于固定 *R. rubrum* 的喷嘴环形生物反应器的模型

1 气罐 2 基料罐 3 反应器 4 中间循环泵 5 出口泵 6 进口泵
7 100W灯泡 8 气体取样口 9 气体收集器 10 肉汤培养剂取样口
11 出口罐

4．分析

反应器中的细胞量用供养材料磷酸钠的熔化材料方法进行测定。葡萄糖和H_2浓度用已有成熟的方法进行测定。

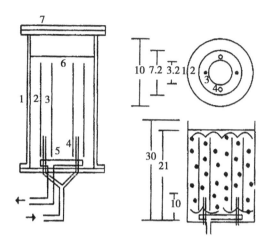

图 10 - 2　环形反应器系统

1　反应器　2　外流通管　3　内流通管　4　喷嘴器（Nozzle）　5　吸收边
6　肉汤培养基水平　7　基料进口罐

表 10 - 1　连续喷嘴环形生物反应器的操作条件

项目	数量
反应器	
容器直径（cm）	10.0
内流通管直径（cm）	3.2
外流通管直径（cm）	7.6
高度（cm）	30
总体积（cm³）	2 000
有效体积（cm³）	1 500
球珠体积（cm³）	400
4 个等量液体容器直径（cm）	0.1
进口时 pH 值	7.0
反应器温度（℃）	30
11 个灯泡亮度（lx）	12 000
反应器压力（atm）	1.0

表 10 - 2　连续试验的条件

试验编号	初始葡萄糖浓度（g/L）	释放量（L/h）	循环量（L/h）
1	10.0, 5.4, 1.0	0.2	70
2	5.4	0.2, 0.3, 0.4	70
3	5.4	0.3	70, 50, 36

二、结果和讨论

1. 批次培养

当初始葡萄糖（有限生长基质）浓度发生变化时，其结果都列于图 10 - 3。球珠中的细胞浓度随时间延长而增加，但残余基质的浓度则减少。

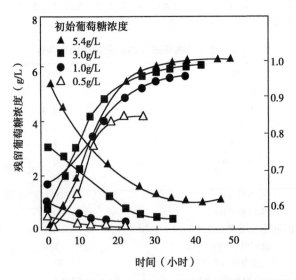

图 10 - 3　葡萄糖和细胞浓度随初始葡萄糖浓度变化而变化

2. 连续培养

产 H₂ 量和残余基质浓度会随葡萄糖浓度的变化而变化，其结果标示于图 10 – 4 和图 10 – 5 中。稀释量（消耗量）和循环量（流通量）分别控制为 0.2/h 和 70/h。在运行 40 小时后，产量则维持在低量。初始葡萄糖浓度在 1.0g/L 时，产 H₂ 量低的原因可用这样的事实予以解释，即为保持细胞量，所以需要消耗基质，而且产出的氢亦很少积累。但是，当葡萄糖初始浓度增加至 5.4g/L 和 10.0g/L 时，产 H₂ 量在 40 小时后达到了最大值（91mL/h）。因此，一种基质的初始浓度在 10.0g/L 时便过量了。而且，在这样高浓度的基质条件下，甚至会发生抑制作用。所以，在试验中的基质浓度可视为是饱和浓度范围。

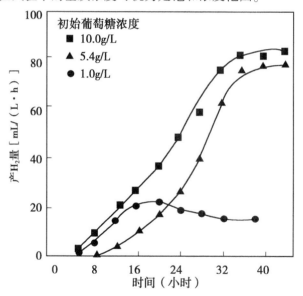

图 10 – 4 培养过程中的产 H₂ 量（稀释量 = 0.2/h，循环量 = 70/h）

图 10 – 6 显示了产 H₂ 量和残留基质浓度随稀释量的变化而

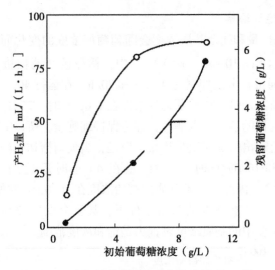

图 10-5　在初始葡萄糖稳态条件下的产 H₂ 量

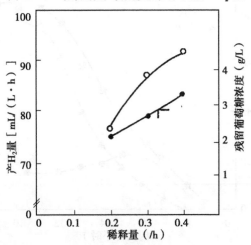

图 10-6　在不同稀释量处于稳态条件下时的产
H₂ 量和残留葡萄糖浓度

发生的变化。在此过程中，固定的初始葡萄糖浓度为 5.4g/L，循环量为 70/h。研究结果指出，当稀释增加时，产 H₂ 量和残留基质的浓度亦增加了。

在固定的初始葡萄糖浓度和稀释量时，产 H₂ 量会随循环量的变化而变化，其变化状况列于图 10 - 7。因此，实验结果显示，产 H₂ 量会因循环量的增加而增加。事实说明，随着液体流速的增加，物质转移限制性（抗性）则下降，因此，产 H₂ 量就增加。

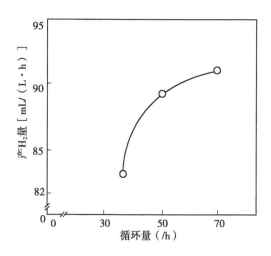

图 10 - 7 在循环量处于稳态时，产 H₂ 量和残余葡萄糖浓度的变化状况

为了喷嘴环形生物反应器中连续地从葡萄糖产 H₂，所以，利用了固定 *R. rubrum* KS - 301 菌株进行培养，在试验范围内，当初始葡萄糖浓度为 5.4g/L，稀释量为 0.4/h 和循环量为 70/h 时，最大产 H₂ 量为 91mL/h。

参考文献

［1］闵九康，等．农业生态生物化学和环境健康展望．北京：中国出版集
团现代教育出版社，2010.

［2］闵九康，等．全球气候变化和低碳农业研究．北京：气象出版
社，2011.

［3］闵九康，等．低碳农业——全球环境安全和人类健康必由之路．北京：
中国农业科学技术出版社，2011.

［4］闵九康，等．楝树——全球环境安全和人类健康之保护神．北京：中
国农业科学技术出版社，2012.

［5］闵九康，等．生物质在现代农业中的重要作用．北京：化学工业出版
社，2013.

［6］Stevenson F J, et al. 农业土壤中的氮．闵九康，等译．北京：科学出
版社，1989.

［7］Page A L, et al. 土壤分析法．闵九康，等译．北京：中国农业科学技
术出版社，1991.

［8］Mclaren A D, et al. 土壤生物化学．闵九康，等译．北京：农业出版
社，1984.

［9］闵九康，等．生物肥料与持续农业．北京：台海出版社，2004.

［10］闵九康，等．土壤与人类健康．北京：中国农业科学技术出版
社，2014.

［11］Joseph Tarradellas, Gabriel Bitton, et al. Soil Ecotoxicology. New York：
CRC Press Inc, 1997.

［12］Milton Fingerman, Rachakonda Nagabhushanam. Bioremediation of Aquatic
and Terrestrial Ecosystems. USA Science Publishers, 2005.

［13］Godage B W, Robert E H. Bioremediation and Phytoremediation. USA Bat-
telle press, 1998.

[14] Jack E R. Soil Amendments and Environmental Quality. USA CRC Press, Inc, 1995.

[15] Jack E R. Soil Amendments Impacts on Biotic Systems. USA CRC Press, Inc, 1995.

[16] Richard E, Lee Jr, Gareth J. et al. Biological Ice Nucleation and its Application. USA APS PRESS, 1995.

[17] Elizabeth C Price, Paul N. Cheremisinoff, Biogas-production & Utilizaiton. USA ANN ARBOR SCIENCE, 1981.

[18] BENEMANN J R, K MIYAMOTO, P C HALLENBECK. Bioenglneering Aspects of Biophtolysis, Enzyme and Microbial Technology2, 1980, 103 – 111.

[19] GREENBAUM E. Energetic Efficiency of Hydrogen Photoevolution by Algal Water Splitting. Biophysical Journal54, 1988, 365 – 368.

[20] MIURA Y, S OHTA, M MANO, et al. Isolation and Characterization of a Unicellular Marine Green Alga Exhibiting High Activity in the Dark Hydrogen Production. Agricultural and Biological Chemistry50, 1986, 2837 – 2844.

[21] MIURA Y, C SAITOH, S MATSUOKA, et al. Stably Sustained Hydrogen Production with Highmolar Yield through a Combinaiton of a Marine Green Alga and a Photosynthetic Bacterium. Bioscience, Biotechnology, and Biochemistry56. 1992, 751 – 754.

[22] MIYAKE J, S kawamura. Efficiency of Light Energy Conversion to Hydrogen by the Photosynthetic Bacterium Rhodobacter sphaeroides. International Journal of Hydrogen Energy 12, 1987, 147 – 149.

[23] MIYAMOTO K. Hydrogen Production by Photosynthetic Bacteria and Microalgae. in Y. Murooka and T. Imanaka, eds. , Recombinant Microbes for Industrial and Agricultural APPLICATIONS, Marcel Dekker, Inc. , New York, Basel and Hong Kong, 1994, 771 – 786.

[24] MIYAMOTO K P C HALLENBECK, J R BENEMANN. Solar Energy Conversion By Nitrogen – limited Cultures of Anabaena cylindrical, Journal of Fermentation Technology 57, 1979, 287 – 293.

［25］ MIYAMOTO K, P C HALLENBECK, J R BENEMANN. Nitrogen Fixation by Thermophilic blue – green algae（Cyanobacteria）: Temperature Characteristica and Potential Use in Biophotolysis. Applied and Environmental Microbiology37, 1979b, 454 –458.

［26］ MIYAMOTO K, O WABLE, J R BENEMANN. Vertical Tubular Reactor for Microalgae Cultivaiton. Biotechnology Letters10, 1988, 703 –708.

［27］ OHTA S, K MIYAMOTO, Y MIURA. Hydrogen Evolution as a Consumption Mode of Reducing Equivalents in Green Alagl Fermentation. Plant Physiology82, 1987, 1022 – 1026.

［28］ BISHOP P E, R PREMAKUMAR. Alternative Nitrogen Fixation Systems. in G. Stacey, R. H. Burris, and H. J. Evans, eds. , Biological Nitrogen Fixation, Chapman and Hall, New York and London, 1992, 736 – 762.

［29］ BOGER P. Utilisation of Solar Energy by Biologicak Production of Hydrogen: An Approach from Fundamental Research. Atomkernenergie-Kerntechnik33, 1979, 13 – 18.

［30］ BOGER P. Nutzung des Sonnenlichts durch Photobiologie. in K. Dohmen, ed, m Biotechnologie, 1979, 101 – 108, Metzler, Stuttgart.

［31］ BRASS S, A ERNST, R BOGER. Induction and Modification of Dinitrogenase Reductase in the Unicellular Cyanobacterium Synechocystis BO 8402. Arch. Microbiol, 158, 1992, 422 –428.

［32］ BRASS S, M WESTERMANN, A ERNST, et al. Utilisation of Light for Nitrogen Fixation by a New Synechocystis Strain is Extended by its Low Photosynthetic Efficiency. Appl. Environ. Microbiol, 1994（60）, 2575 – 2583.

［33］ BUIKEMA W J, R HASELKORN. Molecular Genetics of Cyanobacterial Development, Annu. Rev. Plant Physiol. Plant molec. Biol, 1933（44）, 33 – 52.

［34］ ERNST A, T BLACK, Y CAI, et al. Synthesis of Nitrogenase in Mutants of the Cyanobacterium Anabaena sp. Strain PCC 7120 Affected in Heterocyst Development or Metabolism. J. Bacterio. , 1992（174）, 6025 –6032.

[35] KLEMME, J H. Photoproduction of Hydrogen by Purple Bacteria: a Critical Evaluation of the Rate – limiting Enzymatic Steps, Z. Naturforsch, 48c, 1993, 482 –487.

[36] MARKOW S A, M BAZIN, D O HALL. The Potential of Using Cyanobacteria in Photobioreactors for Hydrogen Production. in A. Fiechter, ed. , Advances in Biochemical Engineering and Biotechnology, Vol, 2, Springer Verlag, Berlin and Heidelberg, in press, 1944.

[37] MIURA Y, S FUJIWARA, K MIYAMOTO. Prolonged Photoevolution of Hydrogen by Mastigocladus laminosus, a Thermophilic Blue – green Alga. in H. C. Lim and K. Venkatasubramanian, eds. , Biochemical Engineering IV, Ann, N. Y. Acad, Sci, 469. 1986, 312 –319.

[38] SCHERER S, H ALMON, P BOGER. Interaction of Photosynthesis, Respiration and Nitrogen Fixation in Cyanobacteria. Photosynth, Res. 15, 1988, 95 –114.

[39] SCHLODDER E, P GRABER, H T WITT. Mechanism of Phosphorylation in Chloroplasts. in J. Barber, ed. , Topics in Photosynthesis, Vol. 4, 1982, 104 –175, Elsevier, Amsterdam.

[40] URBIG T, R SCHULZ, H SENGER. Inactivation and Reactivation of the Hydrogenases of the Green Algae Scenedesmus obliquus and Chlamydomonas reinhardtii. Z. Naturforsch. 48c, 1993, 41 –45.